Mathematik im Fokus

Kristina Reiss
School of Education, TU München, München, Deutschland

Ralf Korn
Fachbereich Mathematik, TU Kaiserslautern, Kaiserslautern, Deutschland

Weitere Bände dieser Reihe finden Sie unter http://www.springer.com/series/11578

Die Buchreihe Mathematik im Fokus veröffentlicht zu aktuellen mathematikorientierten Themen gut verständliche Einführungen und prägnante Zusammenfassungen. Das inhaltliche Spektrum umfasst dabei Themen aus Lehre, Forschung, Berufs- und Unterrichtspraxis. Der Umfang eines Buches beträgt in der Regel 80 bis 120 Seiten. Kurzdarstellungen der folgenden Art sind möglich:

- State-of-the-Art Berichte aus aktuellen Teilgebieten der theoretischen und angewandten Mathematik
- Fallstudien oder exemplarische Darstellungen eines Themas
- Mathematische Verfahren mit Anwendung in Natur-, Ingenieur- oder Wirtschaftswissenschaften
- Darstellung der grundlegenden Konzepte oder Kompetenzen in einem Gebiet

Kai Diethelm

Gemeinschaftliches Entscheiden

Untersuchung von
Entscheidungsverfahren
mit mathematischen Hilfsmitteln

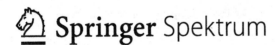 Springer Spektrum

Kai Diethelm
TU Braunschweig
Braunschweig, Deutschland

Mathematik im Fokus
ISBN 978-3-662-48779-2
DOI 10.1007/978-3-662-48780-8

ISBN 978-3-662-48780-8 (eBook)

Die Deutsche Nationalbibliothek verzeichnet diese Publikation in der Deutschen Nationalbibliografie; detaillierte bibliografische Daten sind im Internet über http://dnb.d-nb.de abrufbar.

Springer Spektrum

Gedruckt auf säurefreiem und chlorfrei gebleichtem Papier.

Springer-Verlag GmbH Berlin Heidelberg ist Teil der Fachverlagsgruppe Springer Science+Business Media
(www.springer.com)

Vorwort

Dieses Buch ist aus dem Manuskript einer Vorlesung entstanden, die ich in den vergangenen Jahren mehrfach an der Technischen Universität Braunschweig gehalten habe. Die Vorlesungen richteten und richten sich ausdrücklich nicht nur an Studierende der mathematischen Fächer, sondern allgemein an Hörerinnen und Hörer aus allen Fakultäten, und sollen ihnen beim Erwerb überfachlicher Kompetenzen helfen. Sowohl die Darstellungsform als auch der Inhalt des Textes sind diesem Ziel angepasst. Insbesondere war es nicht meine Absicht, neue Ergebnisse zu präsentieren. Alle genannten Fakten sind aus den im Literaturverzeichnis aufgezählten Quellen bekannt. Sie werden hier lediglich in einer Art zusammengestellt, von der ich denke, dass sie der angedachten Zielgruppe angemessen ist.

Die Behandlung des Themas erfolgt dabei durchaus mit der in der Mathematik üblichen Strenge, aber ohne Verwendung tiefliegender mathematischer Konzepte und Theorien, so dass fortgeschrittene Kenntnisse in höherer Mathematik für das Verständnis nicht erforderlich sind. Vielmehr soll das Material auch für Arbeitsgemeinschaften, Projekte oder Seminarfachkurse in der gymnasialen Oberstufe geeignet sein. Dieser Anspruch spiegelt sich auch darin wider, dass zahlreiche Beispiele enthalten sind, die die behandelten Begriffe erläutern und die bei Entscheidungsverfahren auftretenden Effekte, die der intuitiven Erwartung häufig entgegenlaufen, verdeutlichen. Mein Interesse an diesem Themengebiet wurde geweckt durch eine einschlägige Vorlesung meines akademischen Lehrers Prof. Dr. Helmut Braß (1936–2011), dessen Einfluss an verschiedenen Stellen dieses Textes spürbar ist. Das Buch ist seinem Andenken gewidmet.

Braunschweig, im September 2015   Kai Diethelm

Inhaltsverzeichnis

Symbolverzeichnis

b Banzhaf-Index (Definition 4.3)

c Punktzahl (im Sinne von Copeland) (Definition 2.20)

Con   Condorcet-Menge (Satz 2.11)

Cop   Copeland-Menge (Definition 2.21)

M Majoritätsrelation (Definition 2.19)

$\mathcal{O}$ Menge aller Prioritätenlisten (Definition 2.1)

p Stärke einer Alternative (Definition 2.28)

$\mathcal{P}$ Potenzmenge

P_K^A Menge der (K, A)-Profile (Definition 2.2)

s Shapley-Shubik-Index (Definition 4.4)

Swz   Schwartz-Menge (Definition 2.26)

$\mathcal{T}$ Menge der Turniere (Definition 5.1)

uncov   nicht überdeckte Teilmenge (Definition 5.14)

Δ symmetrische Differenz (Definition 2.32)

π allgemeine Punkteverteilungsfunktion (Definition 2.14);
        speziell: Borda-Punkteverteilungsfunktion (Definition 2.13)

Π Definition 2.18

ϕ_j Anzahl der j-ten Plätze (Definition 2.6)

χ Spielstärke

$|\cdot|$ Mächtigkeit einer Menge

$\bullet$ Zusammensetzung von Entscheidungsverfahren (Definition 2.17)

$\circ$ Hintereinanderschaltung von Abbildungen (Bemerkung 2.4)

$>^S$ „Besser-als"-Relation von Schulze (Definition 2.29)

$\succ_j$ „Besser-als"-Relation im Sinne des j-ten Kriteriums

$\blacktriangleright_D$ globale Entscheidungseigenschaft (Definition 3.15(a))

$\triangleright_D$ lokale Entscheidungseigenschaft (Definition 3.15(b))

$\sqsupset$ Überdeckung (Definition 5.13)

Einleitung

Zusammenfassung

In diesem Kapitel betrachten wir zunächst einige Beispiele, mit deren Hilfe wir erkennen, welche zunächst vielleicht unerwarteten Phänomene bei der Bestimmung von Wahlsiegern mit naiv gewählten Wahlverfahren auftreten können. Wir versuchen dann, die Verfahren so zu modifizieren, dass die genannten Probleme nicht mehr auftreten.

1.1 Motivation

In vielen Situationen steht man vor der Aufgabe, eine Entscheidung zwischen mehreren Alternativen zu treffen. Dabei sind häufig verschiedene Kriterien zu berücksichtigen, die oft zueinander im Widerspruch stehen. Klassische Beispiele sind:

- Die Bevölkerung einer Stadt wählt einen Bürgermeister. Die Kriterien sind in diesem Fall die politischen Präferenzen der Wahlberechtigten, die sich in der Person des Wahlsiegers widerspiegeln sollen.
- Eine Autofahrerin möchte ein neues Auto kaufen. Ihre Entscheidung zwischen mehreren verfügbaren Modellen beruht dann auf Kriterien wie Anschaffungspreis, Leistung, Größe, Betriebskosten, praktischem Nutzen usw.

In diesen und anderen Fällen kann man für jedes Kriterium eine Rangfolge erstellen, die angibt, wie die Alternativen im Hinblick auf dieses Kriterium angeordnet sind. Einen eindeutigen Sieger, der bezüglich jedes Kriteriums auf dem ersten Platz steht, wird es dabei in der Regel nicht geben. Wie kann man unter diesen Umständen dann zu einer plausiblen Entscheidung kommen, die von einem unbeteiligten Beobachter als gerecht akzeptiert wird?

Diese Frage ist nicht einfach zu beantworten, insbesondere weil verschiedene Menschen auch unterschiedliche Begriffe davon haben, was genau unter *Gerechtigkeit* zu

© Springer-Verlag Berlin Heidelberg 2016
K. Diethelm, *Gemeinschaftliches Entscheiden*, Mathematik im Fokus,
DOI 10.1007/978-3-662-48780-8_1

verstehen ist. Wie wir sehen werden, ist es leichter, einen Konsens darüber herzustellen, dass gewisse Verhaltensweisen *ungerecht* sind. Diese Beobachtung wird uns bei der Suche nach geeigneten Entscheidungsverfahren helfen.

Grundsätzlich sind uns aus dem täglichen Leben viele verschiedene Verfahren bekannt, mit denen bei Wahlen, Abstimmungen und vergleichbaren Prozessen entschieden werden kann. Die Tatsache, dass sich nicht ein universelles Verfahren für alle Anwendungsfälle durchgesetzt hat, deutet bereits darauf hin, dass jedes Verfahren gewisse Nachteile (sprich: Ungerechtigkeiten) mit sich bringt, die man je nach Situation bewerten muss, um zu entscheiden, ob sie in Kauf genommen werden können oder nicht. Wir wollen uns zunächst anhand einfacher Beispiele einen gewissen Eindruck davon verschaffen, welche unerwünschten Effekte hierbei auftreten können. In den folgenden Kapiteln schließt sich dann eine Formalisierung der Begriffe und eine systematische Analyse der Entscheidungsverfahren an.

Das etwas allgemeinere Problem, bei dem nicht ein einzelnes Objekt (etwa das Amt eines Bürgermeisters) zu vergeben ist, sondern mehrere gleichartige wie zum Beispiel die 598 Sitze im Bundestag der Bundesrepublik Deutschland, bietet ebenfalls zahlreiche Möglichkeiten, die Objekte entsprechend der einschlägigen Kriterien (d. h. der Verteilung der Stimmen auf die Parteien) zu verteilen. Die hierzu gehörigen Fragestellungen sollen jedoch nicht Gegenstand dieses Buchs sein; es sei stattdessen auf die Bücher von Chiu und Ling [3], Kopfermann [6] und Pukelsheim [9, 10] verwiesen, in denen das Thema ausführlich behandelt wird. Etwas weniger detaillierte Darstellungen, die jedoch gut als Einstiegspunkt für eine weitere Beschäftigung mit diesem Themenkomplex geeignet sind, findet man auch bei Hodge und Klima [5] sowie bei Saari [11].

1.2 Einführende Beispiele

Wir beginnen unsere Betrachtungen mit der Aufstellung einiger Beispiele, die verdeutlichen sollen, welche vielleicht unerwarteten Effekte bei einer unbedachten Anwendung klassischer Methoden auftreten können. Einige dieser Beispiele sind konstruiert, könnten aber ohne Weiteres real sein; andere entstammen tatsächlich stattgefundenen Wahlen. Bei Letzteren wurden teilweise zur Vereinfachung der Darstellung einige für die Kernaussage unwesentliche Details weggelassen.

Beispiel 1.1 Im Jahr 1998 traten zur Wahl zum Gouverneur des US-amerikanischen Bundesstaats Minnesota nicht nur die Vertreter der „üblichen" Parteien, also der Republikaner (Norm Coleman) und der Demokraten (Skip Humphrey), an, sondern auch der ehemalige professionelle Wrestler Jesse Ventura als unabhängiger Kandidat. Da Ventura als Angehöriger des Showbusiness nicht zum politischen Establishment gehörte, aber eine signifikante Fangemeinde aufweisen konnte, zog diese Wahl die Aufmerksamkeit der Demoskopen auf sich, die das Prozedere intensiv begleiteten. Daher sind die damaligen Präferenzen der Wählerinnen und Wähler aus Umfragen relativ genau bekannt. Konkret kennen wir für jede der sechs möglichen Anordnungen der drei Kandidaten die jeweiligen Anteile der wählenden Bevölkerung:

1. Priorität	2. Priorität	3. Priorität	Anteil
Coleman	Humphrey	Ventura	35 %
Coleman	Ventura	Humphrey	0 %
Humphrey	Coleman	Ventura	28 %
Humphrey	Ventura	Coleman	0 %
Ventura	Coleman	Humphrey	20 %
Ventura	Humphrey	Coleman	17 %

Die beiden Anordnungen, bei denen Ventura auf dem zweiten Platz steht, haben keine Unterstützung. Als politischer Außenseiter wird Ventura also entweder geliebt und somit auf den ersten Platz gesetzt oder für völlig ungeeignet gehalten und auf dem letzten Platz eingeordnet. Da jeder Wähler nur seinen erstplatzierten Kandidaten auf dem Wahlzettel ankreuzen konnte, erhalten wir somit das Wahlergebnis

$$\text{Ventura: } 37\%, \quad \text{Coleman: } 35\%, \quad \text{Humphrey: } 28\%.$$

Entsprechend der in den USA üblichen Tradition wurde der Sieger über das Verfahren der einfachen Mehrheit ermittelt, d. h. der Kandidat mit der höchsten Stimmenzahl gewinnt. Somit wurde Jesse Ventura zum Gouverneur gewählt. Wenn man aber noch einmal einen Blick auf die Tabelle wirft, stellt man fest, dass fast zwei Drittel aller Wähler den Wahlsieger für den schlechtesten der drei Kandidaten halten, was die Frage aufwirft, ob dieses Ergebnis den Willen der Wählerinnen und Wähler tatsächlich wiedergibt.

Im Folgenden werden wir häufig solche Situationen wie in Beispiel 1.1 zu beschreiben haben. Dabei wollen wir folgende Konvention zur Schreibweise vereinbaren:

- Wenn die Alternativen A, B, C und D zur Wahl stehen und ein Wähler die Alternative A am besten findet, B am zweitbesten usw., so sagen wir, dass die *Prioritätenliste* dieses Wählers (A, B, C, D) ist.
- Die Zusammenfassung der Prioritätenlisten aller Wähler bezeichnen wir als *Prioritätenprofil* oder kurz *Profil* des Wahlvorgangs.

Beispiel 1.2 In Situationen wie derjenigen der Gouverneurswahl von Minnesota, die wir in Beispiel 1.1 kennengelernt hatten, sind den Kandidaten die Präferenzen der Wähler häufig aus Umfragen bekannt. Theoretisch wäre es denkbar, dass ein Kandidat – hier etwa der Demokrat Humphrey – seine Chancenlosigkeit erkennt und daraufhin seine Kandidatur zurückzieht. Als Ergebnis dieses Schritts würden dann alle Wähler, die eigentlich Humphrey wählen wollten, ihre Stimme an ihren zweitliebsten Kandidaten geben. Für alle diese Wähler wäre das Coleman, der dann mit 63 % der Stimmen gewinnen würde.

Man kann diesen Prozess auch „rückwärts" durchdenken, d. h. die Situation mit zwei Kandidaten (Coleman und Ventura) als Ausgangssituation betrachten und dann den dritten Kandidaten (Humphrey) dazukommen lassen. Aus dieser Perspektive betrachtet kommt man zu der Erkenntnis, dass die Hinzunahme eines nicht erfolgreichen Kandidaten (Humphrey) dazu führen kann, dass ein vorher erfolgreicher Kandidat (Coleman) die Wahl nicht mehr gewinnt.

Beispiel 1.3 Ein anderes Szenario, dass sich ergeben kann, wenn die in der Tabelle aufgeführten Ergebnisse der demoskopischen Umfragen vor der Wahl bekannt sind, wäre das folgende: Die Anhänger des Kandidaten Humphrey erkennen, dass ihr Favorit keine Aussichten hat, gewählt zu werden. Außerdem sehen sie, dass Ventura, der von ihnen einmütig besonders schlecht bewertet wird, voraussichtlich den Sieg davontragen wird. Um dies zu verhindern, könnten sie (zumindest teilweise) ihre Stimme dem Kandidaten Coleman, den sie immerhin für die zweitbeste Alternative halten, geben. Eine solches strategisch motiviertes Abstimmungsverhalten könnte dann wiederum Coleman zum Sieg verhelfen.

Situationen wie diese sind relativ häufig zu beobachten, wenn sich zwei politische Lager gegenüberstehen, von denen sich das kleinere auf einen gemeinsamen Kandidaten (hier: Ventura) einigt, während die Mitglieder des größeren sich zwar politisch (relativ) nahestehen, aber untereinander doch so zerstritten sind, dass sie zwei Kandidaten (Coleman und Humphrey) aufstellen. Dies ist z. B. bei der US-amerikanischen Präsidentschaftswahl des Jahres 2000 geschehen, als Al Gore im Staat Florida 537 Stimmen weniger als sein Konkurrent George W. Bush bekam [4]. Wäre Ralph Nader, der Kandidat der Green Party, nicht angetreten, hätten vermutlich viele seiner Wähler ersatzweise Gore gewählt, der somit Florida und infolgedessen auch die Wahl insgesamt gewonnen hätte. Mit dieser Problematik werden wir uns in Abschn. 3.5 näher befassen.

Empfindet man diese Eigenschaft als ungerecht, so kann man versuchen, dem zu entgegnen, indem man das Wahlverfahren modifiziert. Zum Beispiel kann man das Verfahren der einfachen Mehrheit durch eine *Mehrheitswahl mit anschließender Stichwahl* ersetzen, d. h. zunächst einen Wahlgang durchführen, die beiden Erstplatzierten ermitteln, alle anderen Kandidaten ausscheiden lassen und dann einen weiteren Wahlgang nur zwischen den beiden verbliebenen Kandidaten durchführen.

Beispiel 1.4 In der Situation aus Beispiel 1.1 führt diese Änderung des Wahlverfahrens dazu, dass sich Ventura und Coleman für die Stichwahl qualifizieren, in der sich dann Coleman mit 63 % der Stimmen durchsetzt.

Somit scheint sich das oben beobachtete Problem des Verfahrens der einfachen Mehrheit durch die Einführung der Stichwahl lösen zu lassen. Wir untersuchen daher das Stichwahl-Verfahren in den drei folgenden Beispielen noch etwas näher, um weitere seiner Eigenschaften zusammenzustellen.

Beispiel 1.5 Zunächst bleiben wir bei dem Profil der Gouverneurswahl von Minnesota. Es ist nicht ungewöhnlich, dass die Wählerinnen und Wähler für den Wahlvorgang in Gruppen eingeteilt werden, die jeweils für sich abstimmen und deren Ergebnisse dann anschließend zusammengefasst werden. Ein klassisches Einteilungskriterium ist etwa der Wohnsitz, anhand dessen die Wähler ihren Wahlkreisen zugeordnet werden. Wir wollen hier den hypothetischen Fall betrachten, dass eine solche Einteilung in beispielsweise zwei Bezirke seinerzeit in Minnesota bestanden hätte und dass die Wähler sich in folgender Weise auf die Bezirke verteilt hätten:

| | Anteil der Wähler an der Gesamtzahl aller Wähler | | |
Prioritätenliste	Bezirk A	Bezirk B	Summe
(Coleman, Humphrey, Ventura)	12 %	23 %	35 %
(Humphrey, Coleman, Ventura)	14 %	14 %	28 %
(Ventura, Coleman, Humphrey)	19 %	1 %	20 %
(Ventura, Humphrey, Coleman)	5 %	12 %	17 %
Summe	**50 %**	**50 %**	**100 %**

In jedem Bezirk wohnen also je 50 % der Wähler, was sicher sinnvoll erscheint.

In Bezirk A sehen wir, dass Ventura zwar eine relative, aber keine absolute Mehrheit erreicht. Gleiches gilt für Coleman in Bezirk B. In beiden Bezirken sind also Stichwahlen gegen den jeweiligen Zweitplatzierten erforderlich; dies ist in beiden Fällen Humphrey, und im Endeffekt gewinnt Humphrey beide Stichwahlen und darf sich somit als unbestrittener Gesamtsieger betrachten.

Eine Aufteilung in Bezirke kann also das Wahlergebnis beeinflussen. Bemerkenswert an Beispiel 1.5 ist, dass derjenige Kandidat hierbei Sieger wird, der bei keinem der zuvor betrachteten Verfahren eine Chance hatte.

Interessant ist auch ein anderer Aspekt des Verhaltens des Wahlverfahrens der einfachen Mehrheit mit Stichwahl.

Beispiel 1.6 Für den Vorsitz eines Vereins kandidieren Alice, Bob und Carol.

(a) Der Verein hat neun Mitglieder mit folgendem Prioritätenprofil:

Prioritätenliste	Anzahl der Wähler
(Alice, Carol, Bob)	3
(Carol, Bob, Alice)	4
(Bob, Alice, Carol)	2

Offenbar qualifizieren sich Alice und Carol für die Stichwahl, die Alice mit 5 : 4 Stimmen für sich entscheidet.

(b) Jetzt treten vier weitere Mitglieder in den Verein ein. Alle diese Mitglieder haben die Prioritätenliste (Bob, Alice, Carol), die somit nun von sechs Mitgliedern geteilt wird. Dies führt dazu, dass nunmehr Bob und Carol in die Stichwahl kommen, die von Carol mit 7 : 6 gewonnen wird.

Anders als in Beispiel 1.2 hat sich hier nicht die Anzahl der Kandidaten geändert, sondern die Anzahl der Wähler. Ohne die neuen Wähler war die Kandidatin Carol nicht Wahlsiegerin. Alle neuen Wähler haben Carol als schlechteste Alternative eingestuft. Trotzdem gewinnt sie nach Hinzunahme der neuen Wähler die Wahl. Auch dieses Verhalten eines Wahlsystems scheint nicht wünschenswert zu sein.

Beispiel 1.7 Unser Verein hat nun 17 Mitglieder, aber immer noch drei Kandidaten für den Vorstandsposten.

(a) Das Prioritätenprofil sei

Prioritätenliste	Anzahl der Wähler
(Alice, Bob, Carol)	6
(Carol, Alice, Bob)	5
(Bob, Carol, Alice)	4
(Bob, Alice, Carol)	2

Alice und Bob erreichen die Stichwahl, die Alice mit 11 : 6 Stimmen gewinnt.
(b) Jetzt ändern die beiden Vereinsmitglieder, deren Prioritätenliste ursprünglich (Bob, Alice, Carol) gewesen war, ihre Meinung zu Gunsten der bisherigen Wahlsiegerin Alice, d. h. sie ändern ihre Prioritätenliste in (Alice, Bob, Carol). Das führt dazu, dass nunmehr Alice und Carol in die Stichwahl einziehen, wo Carol mit 9 : 8 gewinnt.

Obwohl die ursprüngliche Wahlsiegerin Alice also zusätzliche Unterstützung zu bekommen scheint, wird sie zur Wahlverliererin.

Nun wollen wir noch kurz zwei andere Wahlverfahren kurz mit je einem Beispiel betrachten. Zunächst nehmen wir uns ein Verfahren vor, das auf *Binärvergleichen* basiert. Konkret wollen wir so vorgehen, dass aus den zur Wahl stehenden Alternativen zunächst zwei beliebige herausgesucht werden und eine Abstimmung nur zwischen diesen beiden durchgeführt wird. Der Verlierer scheidet aus, der Sieger tritt in der nächsten Runde gegen eine der noch verbliebenen Alternativen an. Dieses Prozedere wird so oft wiederholt, bis nur noch eine Alternative übrig bleibt, die dann zum Sieger erklärt wird. Aus der Beschreibung wird bereits klar, dass eine gewisse Willkür bezüglich der Reihenfolge besteht, in der die Kandidaten an die Reihe kommen. Die Konsequenzen, die sich daraus ergeben können, zeigt das folgende Beispiel.

Beispiel 1.8 Wir haben vier Kandidaten und drei Wähler mit Prioritätenlisten

(Alice, Bob, Carol, Dave),   (Bob, Carol, Dave, Alice),   (Carol, Dave, Alice, Bob).

(a) Wir stimmen zunächst zwischen Bob und Carol ab. Damit scheidet Carol aus. Dann
     entscheiden wir zwischen Bob und Alice, womit Bob ausscheidet. Schließlich ge-
     winnt Dave die letzte Abstimmung gegen Alice und somit die Wahl insgesamt. Der
     Wahlsieg von Dave ist insofern erstaunlich, als sich alle Wähler einig sind, dass Carol
     besser ist als Dave.
(b) Wir stimmen zuerst zwischen Dave und Carol ab; Dave scheidet aus. Dann entschei-
     den wir zwischen Carol und Alice, womit Alice ausscheidet. Zuletzt gewinnt Bob die
     Abstimmung gegen Carol und somit die Wahl insgesamt.
(c) Wir stimmen zuerst zwischen Alice und Bob ab, womit Bob ausscheidet. Dann ent-
     scheiden wir zwischen Carol und Alice; Alice scheidet aus. Schließlich gewinnt Carol
     die letzte Abstimmung gegen Dave und somit die Wahl insgesamt.
(d) Wir stimmen zuerst zwischen Dave und Carol ab. Damit scheidet Dave aus. Dann ent-
     scheiden wir zwischen Carol und Bob, womit Carol ausscheidet. Schließlich gewinnt
     Alice die letzte Abstimmung gegen Bob und somit die Wahl insgesamt.

Der Wahlleiter kann also in diesem Beispiel für jeden der Kandidaten eine Abstim-
mungsreihenfolge finden, bezüglich der dieser Kandidat die Wahl gewinnt. Dass derartige
Versuche, das Abstimmungsergebnis zu beeinflussen, in der Praxis nicht immer von Er-
folg gekrönt sind, musste allerdings schon vor mehr als 1900 Jahren der Politiker und
Schriftsteller Plinius der Jüngere im alten Rom erfahren.

Beispiel 1.9 Plinius berichtet in einem Brief [8, 8. Buch, Brief XIV] von einem Prozess, in
dem der Senat versuchte, den unnatürlichen Tod des Konsuls Afranius Dexter aufzuklären.
Unbestritten war, dass die Todesursache nur Selbstmord oder eine Tötung durch seine
Diener sein konnte, wobei im letzteren Fall nicht klar war, ob die Tat auf das Verlangen
des Opfers hin ausgeführt wurde.

In der Diskussion im Senat wurden drei Urteilssprüche gegen die Diener in Erwä-
gung gezogen: Freispruch, Verbannung oder Todesstrafe. Plinius, der Verhandlungsleiter,
plädierte für einen Freispruch, hatte jedoch nur eine relative und keine absolute Mehrheit der Senatoren auf seiner Seite. Die Befürworter eines wie auch immer gearteten
Schuldspruchs versuchten, den Freispruch zu verhindern, indem sie unabhängig von ihrem
konkret bevorzugten Urteil zunächst eine gemeinsame Gruppe bildeten, die somit über eine absolute Mehrheit verfügte. Nach ihrer Auffassung sollte also zuerst zwischen den
Alternativen „Freispruch" und „Verurteilung" abgestimmt werden (was eine Verurteilung
bewirkt hätte). Anschließend sollte über die zu verhängende Strafe entschieden werden.
Da hierbei die Senatoren, die eigentlich für einen Freispruch waren, sicher nicht für die
Todesstrafe gestimmt hätten, wäre der Senat bei diesem Ablauf zum Urteil „Verbannung"

gekommen. Plinius konnte dank seiner leitenden Position durchsetzen, dass stattdessen nach dem System der einfachen Mehrheit abgestimmt wurde. Sein Gedanke war, dass sich dann – wegen der aus der Diskussion bekannten Mehrheitsverhältnisse – eine einfache Mehrheit für einen Freispruch ergeben müsste. Tatsächlich scheiterte Plinius' Plan, weil die Befürworter der Todesstrafe sich entschlossen, nicht ihrer eigentlichen Präferenz zu folgen, sondern aus strategischen Gründen für die Verbannung stimmten, womit sie wenigstens irgendeine Form eines Schuldspruchs erreichen konnten.

Als Nächstes betrachten wir noch eine Situation, bei der nicht alle Wähler gleichberechtigt sind.

Beispiel 1.10 Der aus dem Vorsitzenden Victor und den Beisitzern Brigitte und Bernhard bestehende Vorstand eines Fußballvereins will einen neuen Trainer für die Mannschaft bestimmen. Es gibt die drei Kandidaten Lothar, Berti und Jürgen. Die Geschäftsordnung sieht vor, dass jedes Vorstandsmitglied eine Stimme hat und dass bei Stimmengleichheit die Stimme des Vorsitzenden den Ausschlag gibt. In der Diskussion des Themas wird klar, dass die Vorstandsmitglieder folgende Prioritätenlisten haben:

Vorstandsmitglied	Prioritätenliste
Victor (Vorsitzender)	(Lothar, Berti, Jürgen)
Brigitte (Beisitzerin)	(Berti, Jürgen, Lothar)
Bernhard (Beisitzer)	(Jürgen, Lothar, Berti)

Damit ist für alle Mitglieder des Vorstands evident, dass Lothar die Wahl gewinnen wird. Bernhard hält Lothar zwar nur für den zweitbesten Kandidaten, kann sich aber notfalls mit diesem Ergebnis abfinden. Brigitte hingegen hält diese Entscheidung für völlig falsch und will sie auf jeden Fall verhindern. Da sie keine Chance sieht, ihren eigenen Favoriten Berti durchzusetzen, stimmt sie somit aus strategischen Gründen für den von ihr als zweitbeste Wahl eingeschätzten Jürgen, der folglich gewählt wird. Die Wahl gewinnt also derjenige Kandidat, der vom Vorsitzenden Victor, dem vermeintlich einflussreichsten Wähler, als schlechtester eingeschätzt wird. Dieses Phänomen bezeichnet man als *Paradoxon des Vorsitzenden*.

Schließlich betrachten wir noch ein Profil, das uns verdeutlicht, dass Wahlverfahren noch zu anderen unerwarteten Ergebnissen führen können:

Beispiel 1.11 Wir betrachten eine Wahl mit folgenden Prioritätenlisten:

Prioritätenliste		Anzahl der Wähler
(Alice, Bob, Carol, Dave),	(Dave, Carol, Bob, Alice)	je 1
(Alice, Bob, Dave, Carol),	(Carol, Dave, Bob, Alice)	je 2
(Alice, Dave, Carol, Bob),	(Bob, Carol, Dave, Alice)	je 3

Ein beliebiges Wahlverfahren wird zu diesem Profil einen oder mehrere Wahlsieger ermitteln. Im konkreten Fall des Verfahrens der einfachen Mehrheit etwa wäre Alice alleinige Siegerin. Bemerkenswert ist nun folgende Beobachtung: Wenn jeder einzelne Wähler seine Prioritätenliste umkehrt, d. h. den bisherigen Letztplatzierten auf den ersten Platz setzt, den Vorletzten auf den zweiten Platz usw., so ergibt sich insgesamt wieder die gleiche Situation wie am Anfang. Also erhalten wir trotz dieser kompletten Umkehrung der Präferenzen – zumindest bei einem Verfahren, bei dem alle Wählerinnen und Wähler gleichberechtigt sind – die gleiche Siegermenge.

In den Kap. 2, 3 und 5 werden wir uns auf eine systematische Weise mit Wahlverfahren befassen, deren Eigenschaften analysieren und ermitteln, inwieweit solche gegen die Intuition stehenden Ergebnisse, wie wir sie in diesen Beispielen gesehen haben, vermieden werden können.

Zuvor beenden wir jedoch dieses Kapitel mit einem Blick auf eine etwas andere Frage, die sich bei der Betrachtung eines realen politischen Wahlergebnisses und der sich daraus ergebenden Konsequenzen stellt.

Beispiel 1.12 Die Landtagswahl des Jahres 2014 in Thüringen führte zu folgender Verteilung der 91 Sitze im Parlament:

Partei	CDU	Linke	SPD	AfD	Grüne
Sitze	34	28	12	11	6

Zur Wahl einer Regierung ist zumindest in den ersten beiden Wahlgängen eine absolute Mehrheit erforderlich, also mindestens 46 Stimmen. Man kann sich leicht überlegen, welche Parteienkombinationen diesen Wert erreichen würden. Wenn man aus diesen rechnerisch möglichen Koalitionen diejenigen streicht, die wegen politischer Differenzen der Beteiligten faktisch unmöglich sind, bleiben nur zwei Varianten übrig, nämlich CDU/SPD und Linke/SPD/Grüne, die jeweils genau 46 Abgeordnete haben. Bemerkenswert an diesem Ergebnis ist, dass die SPD beiden Konstellationen angehört und somit de facto entscheiden kann, welche der beiden Möglichkeiten in die Tat umgesetzt wird. Diese Entscheidungsgewalt steht in starkem Kontrast zur Sitzverteilung, bei der die SPD deutlich sowohl hinter der CDU als auch hinter der Linken zurückbleibt. Diese Beobachtung führt zu der Frage, wie wir *Macht* quantifizieren können. In Kap. 4 werden wir uns diesem Thema widmen.

Zum Abschluss dieses einleitenden Kapitels sei noch der Hoffnung Ausdruck verliehen, dass bei den Leserinnen und Lesern ein gewisses Interesse an Fragen aus dem Bereich der gemeinschaftlichen Entscheidungen geweckt werden kann. Für diejenigen, die sich intensiver mit dem Thema befassen möchten, können die Bücher von Börgers [1], Bouyssou et al. [2], Chiu und Ling [3], Kopfermann [6], Nurmi [7], Tangian [13, 14] oder Wallis [15] Ansatzpunkte liefern; einen schönen Überblick in populärwissenschaftlicher Darstellungsform liefert auch das Buch von Szpiro [12].

Literatur

1. Börgers, C.: Mathematics of Social Choice. SIAM, Philadelphia (2010)

2. Bouyssou, D., Marchant, T., Pirlot, M., Perny, P., Tsoukias, A., Vincke, P.: Evaluations and Decision Models: A Critical Perspective. Kluwer, Boston (2000)

3. Chiu, S. N., Ling, L.: Mathematics of Fairness. Hong Kong Math. Soc., Hong Kong (2010)

4. Federal Election Commission: 2000 Presidential General Election Results. http://www.fec.gov/pubrec/fe2000/2000presge.htm. Abgerufen am 26. Mai 2015.

5. Hodge, J. K., Klima, R. E.: The Mathematics of Voting and Elections: A Hands-On Approach. Amer. Math. Soc., Providence (2005)

6. Kopfermann, K.: Mathematische Aspekte der Wahlverfahren. BI-Wissenschaftsverlag, Mannheim (1991)

7. Nurmi, H.: Comparing Voting Systems. Reidel, Dordrecht (1987)

8. Plinius Caecilius Secundus, G.: Briefe. Übersetzt von E. Klußmann und W. Binder. Drittes Bändchen, 2. Auflage. Hoffmann, Stuttgart (1905)

9. Pukelsheim, F.: Proportional Representation. Springer, Cham (2014)

10. Pukelsheim, F.: Sitzzuteilungsmethoden. Springer, Berlin (2015)

11. Saari, D. G.: Chaotic Elections. Amer. Math. Soc., Providence (2001)

12. Szpiro, G. G.: Die verflixte Mathematik der Demokratie. Springer, Berlin (2011)

13. Tangian, A.: Mathematical Theory of Democracy. Springer, Berlin (2014)

14. Tanguiane, A. S.: Aggregation and Representation of Preferences. Springer, Berlin (1991)

15. Wallis, W. D.: The Mathematics of Elections and Voting. Springer, Cham (2014)

Grundkonzepte

2

Zusammenfassung

In diesem Kapitel stellen wir die Grundprinzipien vor, die zur Konstruktion von Entscheidungsverfahren benutzt werden sollen, geben konkrete Beispiele für darauf basierende Verfahren an und notieren erste Eigenschaften dieser Verfahren.

2.1 Entscheidungsprozesse

Wir wollen uns mit dem Problem des *gemeinschaftlichen Entscheidens* (im englischen Sprachraum als *social choice* bezeichnet) befassen. Den Begriff der *Wahl* vermeiden wir an dieser Stelle bewusst, denn unsere Konzepte werden nicht nur auf klassische (politische) Wahlen anwendbar sein, sondern auch auf viele andersartige Fragen.

Die Grundsituation eines gemeinschaftlichen Entscheidungsprozesses besteht, in abstrakter Weise dargestellt, aus drei Komponenten:

1. einer gewissen Anzahl von *Alternativen*, zwischen denen entschieden werden soll,
2. einer gewissen Anzahl von *Kriterien*, nach denen die einzelnen Alternativen bewertet werden, sowie
3. einem *Entscheidungsverfahren*, das unter den gegebenen Alternativen unter Berücksichtigung der Kriterien einen oder mehrere Sieger findet.

Dieses abstrakte Konzept lässt zahlreiche verschiedene Konkretisierungen zu, von denen hier einige wichtige Beispiele erwähnt werden sollen.

Beispiel 2.1 Im Fall einer politischen Wahl sind die Alternativen einfach die zur Wahl stehenden Kandidaten, und als Kriterien ziehen wir die Prioritäten der Wählerinnen und Wähler heran. Einige hierfür verwendbare Entscheidungsverfahren haben wir in Kap. 1 schon erwähnt, z. B. das Verfahren der einfachen Mehrheit, die Mehrheitswahl mit anschließender Stichwahl oder die Methode der Binärvergleiche.

© Springer-Verlag Berlin Heidelberg 2016
K. Diethelm, *Gemeinschaftliches Entscheiden*, Mathematik im Fokus,
DOI 10.1007/978-3-662-48780-8_2

Beispiel 2.2 Auch die Situation, dass jemand ein Auto kaufen möchte, kann in diesen Rahmen eingeordnet werden. Die verschiedenen auf dem Markt befindlichen Fahrzeugmodelle sind hier die Alternativen, und als Kriterien verwendet man die Bewertungen, inwieweit die Autos die für den Käufer wichtigen Anforderungen erfüllen.

Beispiel 2.3 Schließlich lassen sich auch viele sportliche Wettbewerbe unter unserem Begriff subsumieren. Bei der Ermittlung eines Weltcupsiegers im Skisport etwa würden die Teilnehmer der Rennen die Alternativen sein und ihre Platzierungen in den einzelnen Rennen die Kriterien. Typische Entscheidungsverfahren für solche Wettbewerbe verteilen für jedes Rennen Punkte in Abhängigkeit von der jeweiligen Platzierung und addieren die Punkte über die gesamte Saison. Je nachdem, wie viele Punkte für jeden Platz vergeben werden, erhält man unterschiedliche Entscheidungsverfahren.

In diesen und vergleichbaren Fällen sind neben den genannten auch zahlreiche andere Entscheidungsverfahren denkbar und in der Praxis auch im Einsatz. Unsere aufzustellende allgemeine Theorie soll möglichst viele dieser speziellen Verfahren erfassen. Auf eine Eigenschaft unseres abstrakten Konzepts sei hierbei noch ausdrücklich hingewiesen: Aus dem dritten Punkt der obigen Beschreibung des Konzepts geht hervor, dass wir neben den Verfahren, die eine eindeutige Entscheidung treffen, auch solche zulassen wollen, bei denen mehrere Sieger möglich sind. Gerade bei Anwendungen im Sport kann dies sinnvoll sein.

Für die Untersuchung wollen wir zunächst unser bisher nur in Worte gefasstes Konzept in mathematischer Form ausdrücken. Dazu benötigen wir einige Vorarbeiten.

Definition 2.1 Eine strikte Anordnung der Elemente einer endlichen Menge A heißt *Prioritätenliste* von A. Die Menge aller Prioritätenlisten von A bezeichnen wir mit $\mathcal{O}(A)$.

Unter einer *strikten Anordnung* der Elemente einer n-elementigen Menge verstehen wir dabei ein n-Tupel von paarweise verschiedenen Elementen der Menge. Die Interpretation ist dabei, dass das erste Element des n-Tupels eine höhere Priorität hat als das zweite, das zweite eine höhere als das dritte usw. (dies ist die Anordnungseigenschaft); außerdem soll nicht erlaubt sein, zwei Elementen die gleiche Priorität zuzuordnen (das ist mit dem Begriff *strikt* gemeint).

Damit können wir den entscheidenden Begriff dieser Theorie mathematisch definieren.

Definition 2.2 Ein *Entscheidungsprozess* ist ein Tripel (A, K, C), bestehend aus

1. einer endlichen und nichtleeren Menge A, deren Elemente *Alternativen* genannt werden,
2. einer endlichen und nichtleeren Menge K, deren Elemente als *Kriterien* bezeichnet werden, und
3. einer Abbildung $C : P_K^A \to \mathcal{P}(A) \setminus \{\emptyset\}$, dem sog. *Entscheidungsverfahren*.

Hier ist $\mathcal{P}(A)$ die *Potenzmenge* von A, also die Menge aller Teilmengen von A, und mit P_K^A bezeichnen wir die Menge aller (K, A)-Profile, wobei wir unter einem (K, A)-*Profil* eine Abbildung von K nach $\mathcal{O}(A)$ verstehen.

Ein (K, A)-Profil ordnet demnach jedem Kriterium (also jedem Wähler o. ä.) eine eindeutig definierte Prioritätenliste zu, wie wir es bereits in den Beispielen in Kap. 1 gesehen hatten. Das Entscheidungsverfahren nimmt als Eingabedaten dann ein solches (K, A)-Profil (d. h. die Information, welche Prioritätenliste zu jedem einzelnen Kriterium gehört) und gibt eine nichtleere Teilmenge der Alternativenmenge A aus. Die Elemente dieser Teilmenge sind dann die Sieger der Wahl, des sportlichen Wettbewerbs, ... Im Regelfall wird man an Verfahren interessiert sein, bei denen in möglichst vielen Situationen eine Menge ausgegeben wird, die genau ein Element enthält, aber wir wollen – wie oben erwähnt – auch solche Verfahren betrachten, die das nicht gewährleisten.

Für unsere Zwecke ist es völlig unerheblich, wie wir die Kriterien bezeichnen. Wir werden daher fast immer die einfachste denkbare Form wählen und die Kriterien schlicht durchnummerieren, d. h. es gilt grundsätzlich

$$K = \{1, 2, 3, \ldots, n\}$$

mit einem $n \in \mathbb{N}$.

Hat die Alternativenmenge die Elemente Anton, Berti, Conni, Det, Edi und Fritzchen, wäre also

(Anton, Conni, Det, Berti, Fritzchen, Edi)

eine denkbare Prioritätenliste. Diese Art der mathematischen Formulierung ist sehr praktisch, wenn man Prioritätenlisten konkret angeben möchte. Allerdings erweist sie sich manchmal als etwas unhandlich, wenn mathematische Untersuchungen vorgenommen werden sollen. Für solche Zwecke kann es nützlicher sein, eine anders geartete (aber äquivalente) Darstellung zu benutzen. Hierzu betrachten wir jedes Paar von Alternativen und jedes Kriterium und sagen dann, dass die eine Alternative bezüglich dieses Kriteriums besser abschneidet als die andere. In symbolischer Schreibweise stellen wir dies durch das Zeichen $\succ_j$ dar, wobei der Index j auf die Nummer des Kriteriums verweist. Wenn die oben genannte Prioritätenliste beispielsweise zum Kriterium Nr. 4 gehört, können wir dies in der formal etwas umständlich erscheinenden, aber leicht analysierbaren Form

Anton $\succ_4$ Conni,	Anton $\succ_4$ Det,	Anton $\succ_4$ Berti,
Anton $\succ_4$ Fritzchen,	Anton $\succ_4$ Edi,	Conni $\succ_4$ Det,
Conni $\succ_4$ Berti,	Conni $\succ_4$ Fritzchen,	Conni $\succ_4$ Edi,
Det $\succ_4$ Berti,	Det $\succ_4$ Fritzchen,	Det $\succ_4$ Edi,
Berti $\succ_4$ Fritzchen,	Berti $\succ_4$ Edi,	Fritzchen $\succ_4$ Edi

darstellen.

Wenn die Menge der Alternativen und die Menge der Kriterien aus dem Kontext klar sind, werden wir im Folgenden statt (K, A)-Profil kurz *Profil* schreiben.

Für die Eigenschaften der auf diese Weise abstrakt beschriebenen Entscheidungsverfahren ist es nicht nur irrelevant, wie die Menge K im Einzelnen aussieht; auch die genaue Form der Elemente von A ist unbedeutend. Wichtig ist tatsächlich nur, wie viele Elemente die Mengen K und A haben. Diese Beobachtung motiviert uns zu einer Definition, bei der wir mit $|M|$ die *Mächtigkeit* der Menge M, also die Anzahl ihrer Elemente, bezeichnen.

Definition 2.3 Seien $n, q \in \mathbb{N}$. Eine Abbildung $C : P_K^A \to \mathcal{P}(A) \setminus \{\emptyset\}$ mit $|K| = n$ und $|A| = q$ heißt (n, q)-*Entscheidungsverfahren*.

Offensichtlich sind (n, q)-Entscheidungsverfahren mit $n = 1$ (nur ein Wähler) oder $q = 1$ (nur eine Alternative) uninteressant. Den einfachsten nichttrivialen Fall erhalten wir für $n = q = 2$:

Beispiel 2.4 Für $q = 2$ setzen wir $A = \{a_1, a_2\}$. Dann gibt es genau zwei Prioritätenlisten (a_1, a_2) bzw. (a_2, a_1) und somit ist $\mathcal{O}(A) = \{(a_1, a_2), (a_2, a_1)\}$. Wegen $n = 2$ ergeben sich damit vier mögliche Prioritätenprofile:

Profil 1	
Kriterium	Prioritätenliste
1	(a_1, a_2)
2	(a_1, a_2)

Profil 2	
Kriterium	Prioritätenliste
1	(a_1, a_2)
2	(a_2, a_1)

Profil 3	
Kriterium	Prioritätenliste
1	(a_2, a_1)
2	(a_1, a_2)

Profil 4	
Kriterium	Prioritätenliste
1	(a_2, a_1)
2	(a_2, a_1)

Die Menge P_K^A, d. h. der Definitionsbereich des Entscheidungsverfahrens C, hat also vier Elemente. Der Wertebereich von C ist die dreielementige Menge $\{\{a_1\}, \{a_2\}, \{a_1, a_2\}\}$. Aus allgemeinen mengentheoretischen Überlegungen folgt damit, dass es $3^4 = 81$ unterschiedliche (2,2)-Entscheidungsverfahren gibt. Hierzu gehören auch Verfahren von zweifelhafter Sinnhaftigkeit wie etwa das durch $C(P) = \{a_1\}$ für alle $P \in P_K^A$ definierte, das unabhängig von den tatsächlich vorliegenden Prioritäten immer die Alternative a_1 zum einzigen Sieger erklärt.

Bemerkung 2.1 Die Anzahl der möglichen Entscheidungsverfahren erscheint in Beispiel 2.4 noch überschaubar. Sie wächst aber für größer werdende n und q sehr schnell an. Allgemein haben wir bei q Alternativen offenbar $q!$ verschiedene Prioritätenlisten. Somit ergeben sich bei n Kriterien $(q!)^n$ verschiedene Profile. Der Wertebereich des Entscheidungsverfahrens hat immer $2^q - 1$ Elemente. Damit existieren für beliebige n und q genau

$(2^q - 1)^{(q!)^n}$ verschiedene (n, q)-Entscheidungsverfahren. Selbst für den noch relativ „kleinen" Fall von 4 Kriterien und 3 Alternativen führt dies schon auf $(3!)^4 = 1296$ Profile und $7^{1296} \approx 10^{1095}$ verschiedene Verfahren.

2.2 Mengentheoretische Konzepte

Für unsere Untersuchungen benötigen wir einige elementare Begriffe der Mengenlehre:

Definition 2.4 Gegeben sei eine Menge X. Eine Teilmenge R von $X \times X$, also eine Menge von Paaren von Elementen der Menge X, heißt *Relation* über X.

Wenn unsere Menge $X = \{x_1, x_2\}$ ist, wären denkbare Relationen also z. B.

$$R_1 = \emptyset, \quad R_2 = \{(x_1, x_1)\}, \quad R_3 = \{(x_1, x_2)\}, \quad R_4 = \{(x_1, x_1), (x_1, x_2), (x_2, x_1)\}, \quad \ldots$$

Für uns werden Relationen R über der Alternativenmenge A wichtig sein. Hierbei interpretieren wir die Aussage $(a_1, a_2) \in R$ als „Alternative a_1 ist besser als a_2" bzw. „a_1 wird a_2 vorgezogen". Damit können wir die oben erwähnte Beziehung $\succ_j$ als Relation interpretieren, die aus einer Prioritätenliste entstanden ist. Eine Prioritätenliste (a_1, a_2, a_3, a_4) etwa entspricht der Relation

$$\succ = \{(a_1, a_2), (a_1, a_3), (a_1, a_4), (a_2, a_3), (a_2, a_4), (a_3, a_4)\}.$$

Bestimmte Eigenschaften von Relationen sind für uns besonders relevant.

Definition 2.5 Sei R eine Relation über einer Menge X.

(a) R heißt *asymmetrisch*, wenn für alle $x_1, x_2 \in X$ gilt: $(x_1, x_2) \in R \Rightarrow (x_2, x_1) \notin R$.

(b) R heißt *vollständig*, wenn für alle $x_1, x_2 \in X$ mit $x_1 \neq x_2$ gilt: $(x_1, x_2) \notin R \Rightarrow (x_2, x_1) \in R$.

(c) R heißt *transitiv*, wenn für alle $x_1, x_2, x_3 \in X$ gilt: $(x_1, x_2), (x_2, x_3) \in R \Rightarrow (x_1, x_3) \in R$.

(d) R heißt *strikte Ordnung*, wenn R asymmetrisch, vollständig und transitiv ist.

Auf unsere Situation, d. h. auf Relationen, die aus Prioritätenlisten hervorgehen, bezogen kann man diese Eigenschaften folgendermaßen interpretieren:

(a) Die Asymmetrie verbietet, dass bezüglich eines Kriteriums Alternative a_1 besser als a_2 und gleichzeitig a_2 besser als a_1 abschneidet.

(b) Die Vollständigkeit zwingt jedes Kriterium dazu, für je zwei verschiedene Alternativen a_1 und a_2 immer eine Reihenfolge festzulegen. Es darf also nicht gesagt werden, dass bezüglich eines Kriteriums beide Alternativen gleich gut bewertet werden oder dass für dieses Kriterium die Reihenfolge der beiden Alternativen gleichgültig ist.

(c) Die Transitivität sichert die Konsistenz der Reihenfolge, d. h. wenn a_1 besser ist als a_2 und a_2 besser als a_3, dann muss auch a_1 besser als a_3 sein.

Da eine Relation, die sich als „besser als"-Relation $\succ_j$ aus der Prioritätenliste des Kriteriums j ergibt, notwendigerweise alle diese Eigenschaften aufweist, handelt es sich bei $\succ_j$ um eine strikte Ordnung im Sinne dieser Definition.

Das klassische Beispiel einer strikten Ordnung ist, wie das Symbol $\succ$ bereits suggeriert, die übliche „größer als"-Relation $>$ über einer Teilmenge X der reellen Zahlen. Wenn die Zahlenmenge X endlich ist, dann wissen wir, dass sie ein eindeutiges größtes, also bezüglich der Relation $>$ extremes, Element hat. Auch in unserer Anwendung treten endliche (Alternativen-)Mengen auf, und die „besser als"-Relation $\succ$ liefert ebenfalls ein eindeutiges extremes, also bestes, Element.

Für den Beweis dieser Aussage und in vielen anderen Situationen (aber nicht immer) ist es praktischer, statt $(a_1, a_2) \in \succ$, wie oben schon angedeutet, kurz und prägnant $a_1 \succ a_2$ zu schreiben. Wir halten daher fest, dass beide Formulierungen das gleiche bedeuten, und verwenden bei Bedarf immer die in der vorliegenden Situation günstigere. Dabei wollen wir wegen der suggestiven Nähe der Symbole $\succ$ und $>$ die Schreibweise $a_1 \succ a_2$ in der Regel bevorzugen, wenn die Relation $\succ$ ebenso wie die klassische „größer als"-Relation $>$ eine strikte Ordnung ist.

Lemma 2.1 *Ist $\succ$ eine strikte Ordnung über der endlichen Menge X, dann existiert genau ein $x^* \in X$ mit der Eigenschaft $x^* \succ x$ für alle $x \in X$ mit $x \neq x^*$.*

Das in Lemma 2.1 beschriebene Element x^* ist also besser als jedes andere Element der Menge X und kann daher als das erwähnte erste oder beste Element der Relation $\succ$ gedeutet werden. Wenn man dieses gefunden hat, kann man x^* aus der Grundmenge X streichen und eine neue Relation auf der kleineren Grundmenge $X \setminus \{x^*\}$ bestimmen, indem man alle Beziehungen, in denen x^* vorkommt, aus $\succ$ entfernt. Auch diese neue Relation, die man der Einfachheit halber wieder mit $\succ$ bezeichnet, ist eine strikte Ordnung und hat nach Lemma 2.1 ein erstes Element, das sich dann als zweites Element der ursprünglichen Relation interpretieren lässt. Sukzessives Wiederholen dieses Schrittes führt dann zu der aus dem Konzept der Prioritätenliste bekannten strikten Anordnung der Elemente in der Reihenfolge erstes, zweites, drittes und so weiter. Nachdem wir oben bereits beschrieben hatten, wie aus einer Prioritätenliste eine strikte Ordnung entsteht, liefert uns dieses Ergebnis nun also die Möglichkeit, aus der strikten Ordnung die zugehörige Prioritätenliste zu rekonstruieren.

Für den Beweis von Lemma 2.1 benötigen wir ein Hilfsergebnis.

Lemma 2.2 *Ist $\succ$ eine asymmetrische und transitive Relation über der endlichen Menge X, so existiert mindestens ein $x^* \in X$ mit der Eigenschaft $x \nsucc x^*$ für alle $x \in X$.*

Beweis Wir müssen ein x^* finden, zu dem es in der Relation $\succ$ kein besseres Element gibt. Hierzu wählen wir zunächst ein beliebiges $x_0 \in X$. Wenn es hierzu kein besseres $x \in X$ gibt, ist der Beweis erbracht. Anderenfalls existiert ein $x_1 \in X$ mit $x_1 \succ x_0$. Wir prüfen erneut, ob es ein besseres Element gibt. Wenn nicht, dann ist x_1 das gesuchte Element und der Beweis ist wiederum erbracht. Anderenfalls bezeichnen wir das gefundene Element mit x_2 und wiederholen diesen Schritt iterativ. Wenn dieser Prozess irgendwann abbricht, weil kein besseres Element als das zuletzt gefundene existiert, haben wir das gesuchte Element ermittelt und den Beweis erbracht. Anderenfalls entsteht durch diesen Prozess eine unendliche Folge $(x_0, x_1, x_2, \ldots)$. Nach Konstruktion gilt für alle j die Aussage $x_j \succ x_{j-1}$. Weil X nach Voraussetzung eine endliche Menge ist, muss nach dem Schubfachprinzip mindestens ein Element von X mehrfach in der Folge auftreten, d. h. es muss Indizes k, l geben mit $k < l$ und $x_k = x_l$. Für diese Folgenglieder gilt nach unserer obigen Überlegung

$$x_l \succ x_{l-1}, \quad x_{l-1} \succ x_{l-2}, \ldots, \quad x_{k+1} \succ x_k$$

und somit wegen der Transitivität $x_l \succ x_k$, woraus wegen $x_k = x_l$ die Aussage $x_k \succ x_k$ folgt, die im Widerspruch zur Asymmetrie steht. Damit ist gezeigt, dass die unendliche Folge nicht entstehen kann; der Prozess muss also nach endlich vielen Schritten enden und das gesuchte Element liefern. □

Beweis von Lemma 2.1 Nach Lemma 2.2 existiert ein $x^* \in X$ mit $x \not\succ x^*$ für alle $x \in X$. Aus der Vollständigkeit von $\succ$ folgt für dieses x^* sofort die Eigenschaft $x^* \succ x$ für alle $x \neq x^*$. Daher existiert das gesuchte Element. Für den Beweis der Eindeutigkeit nehmen wir an, dass ein zweites Element $\tilde{x} \neq x^*$ mit dieser Eigenschaft existiert. Dann folgt aus den Eigenschaften der beiden Elemente $x^* \succ \tilde{x}$ und gleichzeitig $\tilde{x} \succ x^*$, was der Asymmetrie widerspricht. Also kann ein zweites Element mit der gesuchten Eigenschaft nicht existieren, und die Eindeutigkeit ist bewiesen. □

2.3 Das Verfahren der einfachen Mehrheit und verwandte Methoden

In diesem und den folgenden Abschnitten wollen wir erste Entscheidungsverfahren konstruieren und formal beschreiben. Zu diesem Zweck und für die spätere systematische Untersuchung der Verfahren ist die folgende Definition hilfreich:

Definition 2.6 Sei P ein (K, A)-Profil, $a \in A$ eine Alternative und $k \in \mathbb{N}$. Mit $\phi_k(P, a)$ bezeichnen wir die Anzahl der k-ten Plätze, die die Alternative a in den einzelnen Prioritätenlisten des Profils P einnimmt.

Beispiel 2.5 Für das durch

Kriterien	Prioritätenliste
1	(Alice, Bob, Carol)
2, 3	(Bob, Alice, Carol)

gegebene Profil P gilt

$$\phi_1(P, \text{Carol}) = \phi_2(P, \text{Carol}) = \phi_3(P, \text{Alice}) = \phi_3(P, \text{Bob}) = 0,$$

$$\phi_1(P, \text{Alice}) = \phi_2(P, \text{Bob}) = 1,$$

$$\phi_1(P, \text{Bob}) = \phi_2(P, \text{Alice}) = 2,$$

$$\phi_3(P, \text{Carol}) = 3.$$

Zur späteren Verwendung notieren wir an dieser Stelle eine Eigenschaft der Funktionen ϕ_j:

Lemma 2.3 *Für alle $a \in A$ und alle Profile P mit n Kriterien gilt*

$$\sum_{j=1}^{|A|} \phi_j(P, a) = n.$$

Beweis Die Summe auf der linken Seite der Gleichung gibt an, wie oft die Alternative a insgesamt auf irgendeinen Platz eingeordnet wird. Jedes der n Kriterien setzt a auf genau einen Platz, also ergeben sich insgesamt genau n Platzierungen. □

Mit Hilfe der Funktionen ϕ_j können wir nun als erstes konkretes Verfahren das Verfahren der einfachen Mehrheit formal definieren.

Definition 2.7 Das Entscheidungsverfahren der *einfachen Mehrheit* ist definiert durch $C^{\text{eM}}(P) := \{a \in A : \phi_1(P, a) = \max_{x \in A} \phi_1(P, x)\}$.

Man nimmt also alle Alternativen, prüft für jede davon nach, auf wie vielen Prioritätenlisten sie auf dem ersten Platz steht, und erklärt dann alle diejenigen zu Siegern, die die größte Zahl an ersten Plätzen aufweisen.

Beispiel 2.6 Das Profil P sei gegeben durch

Kriterien	Prioritätenliste
1, 2	(Alice, Bob, Carol)
3, 4	(Bob, Carol, Alice)
5	(Carol, Bob, Alice)

In diesem Fall ist $\phi_1(P, \text{Alice}) = \phi_1(P, \text{Bob}) = 2$ und $\phi_1(P, \text{Carol}) = 1$, also liefert das Verfahren $C^{\text{eM}}(P) = \{\text{Alice}, \text{Bob}\}$.

Beispiel 2.7 Das Profil P sei gegeben durch

Kriterien	Prioritätenliste
1, 2	$(a_1, a_2, b_1, b_2, \ldots, b_{m-1}, b_m)$
3	$(b_1, a_2, b_2, b_3, \ldots, b_m, a_1)$
4	$(b_2, a_2, b_3, b_4, \ldots, b_m, b_1, a_1)$
$\vdots$	$\vdots$
$m + 2$	$(b_m, a_2, b_1, b_2, \ldots, b_{m-1}, a_1)$

In diesem Beispiel ist dann $\phi_1(a_1) = 2$, $\phi_1(a_2) = 0$ und $\phi_1(b_j) = 1$ für $j = 1, 2, \ldots, m$. Damit ergibt sich $C^{\mathrm{eM}}(P) = \{a_1\}$. Dieses Beispiel verdeutlicht insbesondere für große m einen Nachteil des Verfahrens: Die Alternative a_1 wird zum eindeutigen Sieger erklärt, obwohl sie bei fast allen Kriterien am schlechtesten abschneidet.

In Abschn. 1.2 hatten wir schon gesehen, dass es sinnvoll sein kann, das Verfahren der einfachen Mehrheit durch eine Stichwahl zu ergänzen. Diese Idee kann man in einen allgemeineren Kontext einordnen, für dessen Herleitung wir zunächst einige Begriffe zur Verfügung stellen wollen.

Definition 2.8 Sei P ein (K, A)-Profil und W eine nichtleere Teilmenge der Alternativenmenge A. Dann bezeichnen wir mit $P_{|W}$ die *Restriktion* des Profils P auf die Alternativenmenge W, d. h. dasjenige (K, W)-Profil, das sich dadurch ergibt, dass aus den Prioritätenlisten des gegebenen Profils P alle Alternativen gestrichen werden, die nicht zu W gehören.

Beispiel 2.8 Für $A = \{\text{Alice}, \text{Bob}, \text{Carol}, \text{Dave}\}$ und $K = \{1, 2, 3, \ldots, 9\}$ sei durch

Kriterien	Prioritätenliste
1, 2, 3, 4	(Alice, Bob, Carol, Dave)
5, 6	(Bob, Carol, Dave, Alice)
7, 8	(Carol, Dave, Bob, Alice)
9	(Dave, Carol, Bob, Alice)

das Profil P gegeben. Schränken wir uns dann auf $W = \{\text{Bob}, \text{Dave}\} \subset A$ ein, so können wir $P_{|W}$ durch

Kriterien	Prioritätenliste
1, 2, 3, 4, 5, 6	(Bob, Dave)
7, 8, 9	(Dave, Bob)

beschreiben.

Definition 2.9 Gegeben sei ein Entscheidungsverfahren C^{el}, das wir als *Elementarver-fahren* bezeichnen. Das zu diesem Elementarverfahren gehörige *Eliminationsverfahren* ist gegeben durch

$$C^{\text{el}}_{\text{Elim}}(P) := \lim_{i \to \infty} W_i$$

mit $W_0 := A$ und $W_{i+1} := C^{\text{el}}(P_{|W_i})$.

Hierbei interpretieren wir den Limes einer Folge von Mengen derart, dass wir $\lim_{i \to \infty} W_i$ mit derjenigen Menge W_{i_0} identifizieren, für die $W_{i_0} = W_{i_0+1} = W_{i_0+2} = \cdots$ gilt.

Die Vorgehensweise eines Eliminationsverfahrens besteht also darin, zunächst das zugehörige Elementarverfahren auf das gegebene Profil anzuwenden und die entsprechende Siegermenge zu ermitteln und dann ein neues Profil dadurch zu konstruieren, dass das vorherige Profil auf diese Siegermenge eingeschränkt wird. Auf dieses neue Profil wendet man die gleichen Arbeitsschritte erneut an und wiederholt diesen Prozess so lange, bis sich keine Änderung der Siegermenge mehr ergibt. Diese zuletzt gefundene Siegermenge ist dann die endgültige Siegermenge des Eliminationsverfahrens.

Beispiel 2.9 Wir wollen ein Elementarverfahren mathematisch formal beschreiben, das folgende Eigenschaften hat:

1. Für jede Alternative wird die Anzahl der Kriterien ermittelt, bezüglich derer sie als beste bewertet wird.
2. Eine Alternative, die von mehr als der Hälfte der Kriterien als beste bewertet wird, ist alleinige Siegerin.
3. Wenn keine solche Alternative existiert, gewinnen die beiden Bestplatzierten. Falls es mehr als zwei Alternativen gibt, die nach dieser Beschreibung in Frage kommen (weil es entweder mehr als zwei Erstplatzierte oder genau einen Erst- und mehr als einen Zweitplatzierten gibt), siegen alle diese Alternativen.

Da es sich um ein Elementarverfahren handelt, das als Basis für ein Eliminationsverfahren dienen soll, ist der Begriff des Siegs hier nicht als endgültiger Sieg zu verstehen, sondern als Qualifikation für die nächste Runde. Formal kann das zugehörige Elementarverfahren wie folgt beschrieben werden:

$$C^{\text{el}}(P) = \begin{cases} \{x\} & \text{falls } \phi_1(P, x) > |K|/2, \\ H & \text{sonst,} \end{cases}$$

mit

$$H' := \{x \in A : \phi_1(P, x) = \max_{y \in A} \phi_1(P, y)\} = C^{\text{eM}}(P)$$

und

$$H := \begin{cases} H' & \text{falls } |H'| \geq 2, \\ \{x \in A : \phi_1(P, x) \geq \max_{y \in A \setminus H'} \phi_1(P, y)\} & \text{sonst.} \end{cases}$$

Definition 2.10 Das Eliminationsverfahren aus Beispiel 2.9 entscheidet in der letzten Runde nach dem Prinzip der einfachen Mehrheit und wird daher als *Verfahren der einfachen Mehrheit mit Stichwahl* bezeichnet.

Auch für dieses Verfahren wollen wir ein Beispiel konkret durchrechnen.

Beispiel 2.10 Das Profil P sei gegeben durch

Kriterien	Prioritätenliste
1, 2, 3, 4	(Alice, Bob, Carol, Dave)
5, 6	(Bob, Carol, Dave, Alice)
7, 8	(Carol, Dave, Bob, Alice)
9	(Dave, Carol, Bob, Alice)

Nach Definition ist $W_0 = A = \{\text{Alice, Bob, Carol, Dave}\}$. Das Elementarverfahren liefert für diese Alternativenmenge wegen

$$\phi_1(P, \text{Alice}) = 4, \quad \phi_1(P, \text{Bob}) = \phi_1(P, \text{Carol}) = 2, \quad \phi_1(P, \text{Dave}) = 1$$

die Siegermenge

$$W_1 = C^{\text{el}}(P) = \{\text{Alice, Bob, Carol}\},$$

denn Alice ist zwar erstplatziert, hat aber nicht die absolute Mehrheit, und auf dem zweiten Platz liegen Bob und Carol gleichauf.

Die Restriktion des Profils P auf die Alternativenmenge W_1 lautet dann

Kriterien	Prioritätenliste
1, 2, 3, 4	(Alice, Bob, Carol)
5, 6	(Bob, Carol, Alice)
7, 8, 9	(Carol, Bob, Alice)

Jetzt haben wir

$$\phi_1(P_{|W_1}, \text{Alice}) = 4, \quad \phi_1(P_{|W_1}, \text{Bob}) = 2, \quad \phi_1(P_{|W_1}, \text{Carol}) = 3$$

und somit ergibt eine Anwendung des Elementarverfahrens

$$W_2 = C^{\text{el}}(P_{|\hat{W}_1}) = \{\text{Alice, Carol}\},$$

denn Alice ist wiederum erstplatziert, ohne jedoch über eine absolute Mehrheit zu verfügen, und Carol ist eindeutige Zweite.

Wir restringieren nun P auf die Alternativenmenge W_2, kommen somit zum Profil

Kriterien	Prioritätenliste
1, 2, 3, 4	(Alice, Carol)
5, 6, 7, 8, 9	(Carol, Alice)

und wegen $\phi_1(P_{|W_2}, \text{Carol}) = 5 > 9/2 = |K|/2$ folgt die Aussage

$$W_3 = C^{\text{el}}(P_{|W_2}) = \{\text{Carol}\}.$$

Da W_3 nur noch ein Element enthält, ergibt sich zwangsläufig $W_j = W_3$ für alle $j \geq 3$ und damit

$$C^{\text{el}}_{\text{Elim}}(P) = \lim_{j \to \infty} W_j = W_3 = \{\text{Carol}\}$$

als Endergebnis. Kandidatin Carol gewinnt also.

Beispiel 2.11 Eine Anwendung des Verfahrens der einfachen Mehrheit mit Stichwahl auf die Situation von Beispiel 2.7 führt auf eine völlig andere Siegermenge als das dort betrachtete Verfahren der einfachen Mehrheit: In der ersten Runde scheidet a_2 aus, denn es gilt (wie oben schon bemerkt) $\phi_1(P, a_1) = 2$, $\phi_1(P, a_2) = 0$ und $\phi_1(P, b_j) = 1$ für alle j, d. h. a_1 hat die einfache, aber nicht die absolute Mehrheit, und alle b_j liegen gleichauf auf dem zweiten Platz. Damit ist $W_1 = \{a_1, b_1, b_2, \ldots, b_m\}$, und diese Menge ändert sich im weiteren Verlauf nicht mehr. Wir erhalten somit für dieses Verfahren die Aussage, dass a_1 (wie schon im anderen Verfahren) gewinnt, dass aber außerdem auch alle b_j Sieger sind.

Das allgemeine Konzept der Eliminationsverfahren lässt noch zahlreiche weitere Spezialisierungen zu, z. B. den folgenden Ansatz, der auf Thomas Hare, einen britischen Juristen des 19. Jahrhunderts, zurückgeht.

Definition 2.11 Das *Verfahren von Hare* ist ein ähnlich aufgebautes Eliminationsverfahren. Jedoch qualifizieren sich hierbei nicht nur die beiden Besten für die nächste Runde, sondern alle bis auf den schlechtesten Kandidaten. Es scheiden also diejenigen Alternativen aus, die am seltensten auf den ersten Platz gesetzt werden. Formal führt das auf das Elementarverfahren

$$C^{\text{el}}(P) = \begin{cases} H & \text{falls } H \neq \emptyset, \\ A & \text{sonst,} \end{cases} \qquad \text{mit } H = \{x \in A : \phi_1(P, x) > \min_{y \in A} \phi_1(P, y)\}.$$

Das Internationale Olympische Komitee benutzt das Hare-Verfahren, um über die Austragungsorte der olympischen Spiele zu entscheiden. Auch in klassischen politischen

Wahlen wird dieses Verfahren seit langer Zeit verwendet, z. B. für Parlamentswahlen in Australien (mindestens seit 1908 für regionale und seit 1918 für landesweite Wahlen; mit geringfügigen Modifikationen sogar bereits 1893 für die Wahl der Kolonialregierung von Queensland), Präsidentschaftswahlen in Irland und verschiedene Bürgermeisterwahlen in den USA. Dabei wird es meistens als *Instant Runoff Voting* durchgeführt, d. h. die Wählenden vermerken auf den Wahlzetteln nicht nur die Erstplatzierten ihrer jeweiligen Prioritätenlisten, sondern die kompletten Listen, so dass sie für den Fall, dass im ersten Wahlgang kein Kandidat die absolute Mehrheit erhält, nicht ein zweites Mal zum Wahllokal gerufen werden müssen.

Beispiel 2.12 Die irische Präsidentschaftswahl im Jahr 1990 hatte folgendes Ergebnis:

	Stimmenanteil im	
Kandidat(in)	1. Wahlgang	2. Wahlgang
Mary Robinson	38.7 %	51.6 %
Brian Lenihan	43.8 %	46.2 %
Austin Currie	16.9 %	–
Enthaltungen/ungültige Stimmen	0.6 %	2.2 %

Nach dem ersten Wahlgang führte der Kandidat Lenihan, verfügte jedoch nicht über die absolute Mehrheit. Da aber fast alle Stimmen des im ersten Wahlgang ausgeschiedenen Kandidaten Currie im zweiten Wahlgang auf Lenihans Gegenkandidatin Robinson übergingen, setzte sich Robinson schlussendlich durch.

Eine andere Variante des Verfahrens der einfachen Mehrheit ergibt sich, wenn die Wähler nicht einem Kandidaten zustimmen sollen, sondern aufgefordert werden, einen (als besonders ungeeignet betrachteten) Kandidaten abzulehnen:

Definition 2.12 Das *Gegenstimmenverfahren* ist das Entscheidungsverfahren C^{GS} mit

$$C^{GS} = \left\{ a \in A : \phi_q(P, a) = \min_{x \in A} \phi_q(P, x) \right\}.$$

Jeder Wähler gibt also eine Stimme *gegen* einen (aber nicht mehr als einen) Kandidaten ab und der oder die Kandidaten mit den wenigsten Gegenstimmen wird Wahlsieger. Eine äquivalente Umformulierung dieses Prinzips besagt, dass jeder Wähler die restlichen $q - 1$ Kandidaten wählt und der Sieger dann derjenige ist, der von den dabei abgegebenen $n(q - 1)$ Stimmen den größten Anteil bekommt.

Beispiel 2.13 Eine Anwendung des Gegenstimmenverfahrens auf die Gouverneurswahl von Minnesota aus dem Jahr 1998 (vgl. Beispiel 1.1) würde den Kandidaten Coleman mit 17 % Ablehnung zum Sieger erklären; die weiteren Gegenstimmen entfielen auf Humphrey (20 %) und den tatsächlichen Wahlsieger Ventura (63 %).

Ein weiterer Ansatz, der demjenigen der einfachen Mehrheit ähnlich ist, ist das *Zustimmungsverfahren* (*Approval Voting*). Hierbei darf jeder Wähler beliebig vielen Alternativen eine Stimme geben. Die Alternative mit den meisten Stimmen wird Sieger. Die Methode lässt sich jedoch nicht direkt in die Struktur aus Definition 2.2 einordnen. Obwohl die Idee interessant ist und in der Praxis auch angewendet wurde (z. B. für die Papstwahlen der katholischen Kirche zwischen 1294 und 1621) und wird (etwa für die informellen Vorabstimmungen des Weltsicherheitsrates vor einer Wahl zum UN-Generalsekretär), wollen wir sie daher hier nicht näher betrachten.

2.4 Punkte-Verfahren

Jetzt wollen wir eine Klasse von Verfahren betrachten, die sich aus einer Idee ergibt, die Nikolaus von Kues, Bischof von Brixen, im Jahr 1434 als Verfahren für die Wahl des Kaisers des Heiligen Römischen Reiches vorgeschlagen hat und die der französische Mathematiker Jean-Charles de Borda um 1770 wiederentdeckte, als er eine Methode für die Wahl neuer Mitglieder der Königlichen Akademie der Wissenschaften in Paris suchte. Heute wird der Ansatz meistens nach Borda benannt.

Definition 2.13 Das *Verfahren von Borda* beruht auf der Einführung einer Funktion $\pi :$ $A \to \mathbb{R}$ gemäß

$$\pi(x) := \sum_{j=1}^{q}(q - j)\phi_j(P, x) \quad \text{mit } q = |A|$$

und hat dann das Entscheidungsverfahren

$$C^{\text{Bo}}(P) = \left\{x \in A : \pi(x) = \max_{y \in A} \pi(y)\right\}.$$

Man kann sich dieses Verfahren so veranschaulichen, dass für jeden ersten Platz in einer Prioritätenliste $q - 1$ Punkte an die Alternative vergeben werden, für jeden zweiten Platz $q - 2$ Punkte usw., und am Ende werden die Alternativen mit den meisten Gesamtpunkten zu Siegern gekürt.

Beispiel 2.14 Eine Anwendung des Borda-Verfahrens auf das Profil P aus Beispiel 2.10 liefert die Punkteverteilung

$$\pi(\text{Alice}) = 12, \quad \pi(\text{Bob}) = 17, \quad \pi(\text{Carol}) = 16, \quad \pi(\text{Dave}) = 9$$

und somit die Siegermenge $C^{\text{Bo}}(P) = \{\text{Bob}\}$, also einen anderen Sieger als das in Beispiel 2.10 verwendete Verfahren der einfachen Mehrheit mit Stichwahl.

Beispiel 2.15 Für die Gouverneurswahl von Minnesota aus Beispiel 1.1 ergibt das Borda-Verfahren, wenn wir die Anzahl der Wähler mit w bezeichnen, die Punktzahlen

$$\pi(\text{Coleman}) = 1.18w, \quad \pi(\text{Humphrey}) = 1.08w \quad \text{und} \quad \pi(\text{Ventura}) = 0.74w,$$

also den eindeutigen Wahlsieger Coleman, der sich gemäß Beispiel 1.4 auch durch das Verfahren der einfachen Mehrheit mit Stichwahl ergeben hätte.

Beispiel 2.16 Wir wenden das Borda-Verfahren an auf das Profil P mit

Kriterien	Prioritätenliste
1, 2, 3	(Carol, Bob, Alice, Dave)
4, 5	(Bob, Alice, Dave, Carol)
6, 7	(Alice, Dave, Carol, Bob)

Es ergeben sich die Punktzahlen

$$\pi(\text{Alice}) = 13, \quad \pi(\text{Bob}) = 12, \quad \pi(\text{Carol}) = 11, \quad \pi(\text{Dave}) = 6$$

und somit die Siegermenge $C^{\text{Bo}}(P) = \{\text{Alice}\}$. Nehmen wir nun an, dass Dave seine schwache Position im Bewerberfeld erkennt und seine Kandidatur zurückzieht, so verbleibt das Profil P' mit

Kriterien	Prioritätenliste
1, 2, 3	(Carol, Bob, Alice)
4, 5	(Bob, Alice, Carol)
6, 7	(Alice, Carol, Bob)

Dies führt zur Punkteverteilung

$$\pi(\text{Alice}) = 6, \quad \pi(\text{Bob}) = 7, \quad \pi(\text{Carol}) = 8,$$

die die drei verbliebenen Alternativen in genau der umgekehrten Reihenfolge anordnet wie zuvor und somit auf die Siegermenge $C^{\text{Bo}}(P) = \{\text{Carol}\}$ führt.

Das Verfahren von Borda ist ein Spezialfall einer allgemeinen Klasse von Verfahren, die unter anderem im Kontext des Sports sehr häufig eingesetzt werden.

Definition 2.14 Sei $q = |A|$ und seien reelle Zahlen $\lambda_1 \geq \lambda_2 \geq \ldots \geq \lambda_q$ mit $\lambda_1 > \lambda_q$ vorgegeben. Ein Entscheidungsverfahren C mit

$$C(P) = \{x \in A : \pi(x) = \max_{y \in A} \pi(y)\} \quad \text{mit} \quad \pi(x) := \sum_{j=1}^{q} \lambda_j \phi_j(P, x)$$

heißt $(\lambda_1, \lambda_2, \ldots, \lambda_q)$-*Punkte-Verfahren*. Die Funktion $\pi : A \to \mathbb{R}$ heißt *Punkteverteilungsfunktion* von C.

Das Verfahren heißt *strikt*, wenn $\lambda_1 > \lambda_2 > \ldots > \lambda_q$ gilt.

Wir können hier drei bereits bekannte Verfahren wiederfinden:

Beispiel 2.17

(a) Das Verfahren der einfachen Mehrheit kann als Punkte-Verfahren interpretiert werden; dabei ist $(\lambda_1, \lambda_2, \ldots, \lambda_q) = (1, 0, 0, \ldots, 0)$. Dieses Verfahren ist also nicht strikt.
(b) Das Borda-Verfahren ist ein striktes Punkte-Verfahren mit $\lambda_j = q - j$.
(c) Das Gegenstimmenverfahren entspricht dem (ebenfalls nicht strikten) Punkte-Verfahren mit $(\lambda_1, \lambda_2, \ldots, \lambda_q) = (1, 1, \ldots, 1, 0)$.

Punkte-Verfahren bieten eine sehr leicht handhabbare Möglichkeit, aus einem gegebenen Profil erheblich mehr Informationen zu extrahieren als nur die Menge der Wahlsieger, die uns ein allgemeines Entscheidungsverfahren liefert: Aus der Verteilung der Punkte auf die zur Wahl stehenden Alternativen folgt sogar eine komplette Reihenfolge aller Teilnehmer. Natürlich kann es dabei vorkommen, dass mehrere Alternativen die gleiche Punktzahl aufweisen und somit auch auf dem gleichen Platz der Rangliste eingeordnet werden. Daher handelt es sich beim Ergebnis dieser Überlegungen nicht immer um eine strikte Ordnung, aber zumindest die Asymmetrie und die Transitivität der Relation „hat mehr Punkte als" (bzw. „schneidet in der gemeinschaftlichen Betrachtung aller Kriterien besser ab als") sind gesichert. Diese Überlegung führt auf folgende Begriffsbildung.

Definition 2.15

(a) Sei $q \in \mathbb{N}$. Weiterhin sei $m_q = (m_{q1}, m_{q2}, \ldots m_{qq})$ ein q-Tupel von natürlichen Zahlen mit den Eigenschaften $1 = m_{q1} \leq m_{q2} \leq \ldots \leq m_{qq} \leq q$ und $m_{qj} \in \{m_{q,j-1}, j\}$ für $j = 2, 3, \ldots, q$. Eine Permutation von m_q heißt q-Rangliste.
(b) Gegeben seien eine endliche nichtleere Alternativenmenge A und eine endliche nichtleere Kriterienmenge K. Eine Abbildung R, die jedem (K, A)-Profil P mit $A = \{a_1, a_2, \ldots, a_q\}$ eine q-Rangliste zuordnet, heißt *Ranglistenverfahren*.

Ein Ranglistenverfahren gibt also zu jedem Profil eine q-Rangliste $(m_{q1}, m_{q2}, \ldots, m_{qq})$ aus. Die j-te Komponente dieses q-dimensionalen Vektors interpretieren wir dabei als Platzierung der Alternative a_j. Die Bedingungen aus Teil (a) der Definition stellen sicher, dass immer mindestens eine Alternative auf dem ersten Platz eingeordnet wird und dass, wenn eine Platzierung mehrfach vergeben wird, entsprechend viele unmittelbar darauf folgende Platzziffern nicht vergeben werden.

Jedes Ranglistenverfahren liefert uns unmittelbar auch ein zugehöriges Entscheidungsverfahren:

Satz 2.4 *Sei R ein Ranglistenverfahren zur Alternativenmenge $A = \{a_1, a_2, \ldots, a_q\}$. Die Funktion $C_R : P_K^A \to \mathcal{P}(A)$ mit*

$$C_R(P) := \{a_j \in A : \psi_j^P = 1\} \quad \text{mit } \psi^P := (\psi_1^P, \psi_2^P, \ldots, \psi_q^P) := R(P)$$

ist ein Entscheidungsverfahren.

Wir definieren die Menge $C_R(P)$ also dadurch, dass wir alle Alternativen aufnehmen, die in der Rangliste auf dem ersten Platz eingeordnet werden.

Beweis Offensichtlich ist $C_R(P)$ für jedes (K, A)-Profil definiert; nach Konstruktion ist $C_R(P)$ auch immer eine Teilmenge von A. Weil nach Definition 2.15(a) in jeder Rangliste immer mindestens ein Erstplatzierter existiert, ist $C_R(P)$ auch nicht die leere Menge. Damit ist C_R ein Entscheidungsverfahren.   □

Für Punkte-Verfahren können wir die Idee der Rangliste konkretisieren:

Satz 2.5 *Sei C ein Punkte-Verfahren mit Punkteverteilungsfunktion π. Für jedes Profil P setzen wir dann $R(P) := (\psi_1^P, \psi_2^P, \ldots, \psi_q^P)$, wobei $\psi_q^P = l$ ist, wenn die Alternative a_q die l-tgrößte Punktzahl erreicht hat. Die damit definierte Funktion R ist ein Ranglistenverfahren, und das gemäß Satz 2.4 daraus gebildete Entscheidungsverfahren C_R ist mit dem gegebenen Punkte-Verfahren C identisch.*

Beweis Dass $R(P)$ eine Rangliste ist, ergibt sich unmittelbar aus der Definition. Die Menge $C_R(P)$ umfasst gemäß ihrer Definition alle Alternativen, die die höchste erreichte Punktzahl erhalten, also gerade die Elemente von $C(P)$.   □

Formal unterschiedliche Punkte-Verfahren können zueinander äquivalent sein.

Lemma 2.6 *Gegeben seien das $(\lambda_1, \lambda_2, \ldots, \lambda_q)$-Punkte-Verfahren C und das $(\lambda_1^*, \lambda_2^*, \ldots, \lambda_q^*)$-Punkte-Verfahren C^* mit den gemäß Satz 2.5 gebildeten zugehörigen Ranglistenverfahren R bzw. R^*. Es gebe $c_1 \in \mathbb{R}$ und $c_2 > 0$ so, dass für alle $j = 1, 2, \ldots, q$ die Aussage $\lambda_j = c_1 + c_2 \lambda_j^*$ gilt. Dann gelten für alle Profile P die Aussagen $C(P) = C^*(P)$ und $R(P) = R^*(P)$.*

Beweis Wir bezeichnen die zu C bzw. C^* gehörigen Punkteverteilungsfunktionen mit π bzw. π^*. Dann gilt nach Konstruktion und unter Berücksichtigung von Lemma 2.3 offenbar für alle $a \in A$ die Aussage

$$\pi(a) = \sum_{j=1}^{q} \lambda_j \phi_j(P, a) = \sum_{j=1}^{q} (c_1 + c_2 \lambda_j^*) \phi_j(P, a)$$

$$= c_1 \sum_{j=1}^{q} \phi_j(P, a) + c_2 \sum_{j=1}^{q} \lambda_j^* \phi_j(P, a) = c_1 n + c_2 \pi^*(a)$$

Durch die Multiplikation aller Punktzahlen mit einer positiven Konstanten und anschließende Addition einer beliebigen Konstanten wird aber die Reihenfolge nicht geändert, so dass die Siegermenge gleich bleibt.   □

Ein Beispiel illustriert eine wichtige Eigenschaft von Punkte-Verfahren bzw. den zugehörigen Ranglistenverfahren. Je nach persönlichem Standpunkt kann man diese Eigenschaft als Inkonsistenz und damit Mangel oder als Gestaltungsmöglichkeit und folglich Chance interpretieren.

Beispiel 2.18 Wir betrachten das Profil P mit

Kriterien	Prioritätenliste
1, 2, 3	(Alice, Bob, Carol)
4, 5	(Alice, Carol, Bob)
6, 7	(Bob, Carol, Alice)
8 bis 11	(Carol, Bob, Alice)

und werten dieses Profil zunächst mit dem Verfahren der einfachen Mehrheit, also dem $(1, 0, 0)$-Punkte-Verfahren, aus. Wahlsiegerin ist dann Alice, der zweite Platz geht an Carol und der dritte an Bob. Beim Gegenstimmenverfahren, das wir in Beispiel 2.17(c) als $(1, 1, 0)$-Punkte-Verfahren erkannt hatten, gewinnt Bob mit nur zwei Gegenstimmen vor Carol mit drei Gegenstimmen und Alice mit sechs Gegenstimmen; wir haben also genau die umgekehrte Reihenfolge wie zuvor. Versucht man jetzt, dieses Dilemma dadurch aufzulösen, dass man gewissermaßen als „Mittelwert" der beiden Verfahren das $(1, 1/2, 0)$-Punkte-Verfahren nutzt (das nach Lemma 2.6 zum Borda-Verfahren äquivalent ist), so ergibt sich die Siegerin Carol mit 6 Punkten vor Bob (5.5 Punkte) und Alice (5 Punkte). Je nach Wahl der Punkteverteilung kann beim Profil P also jede Alternative eindeutiger Wahlsieger werden.

In Abschn. 3.2 werden wir noch etwas genauer auf diese Problematik eingehen.

Tatsächlich ist die Lage bei Punkte-Verfahren sogar noch verwickelter, wie das folgende Ergebnis von Saari [3] zeigt:

Satz 2.7 *Sei $q \geq 3$ und $A = \{a_1, a_2, \dots, a_q\}$. Dann gibt es ein Profil über A mit folgenden Eigenschaften:*

- *a_q ist Borda-Sieger dieses Profils.*
- *Sei $j \in \{1, 2, \dots, q - 1\}$. Dann ist a_j Sieger des $(\lambda_1, \lambda_2, \dots, \lambda_q)$-Punkte-Verfahrens mit $\lambda_1 = \lambda_2 = \dots = \lambda_j = 1$ und $\lambda_{j+1} = \dots = \lambda_q = 0$ zu diesem Profil.*

Dieser Satz besagt, dass für dieses spezielle Profil a_j gewinnt, wenn jeder Wähler genau j Alternativen wählt ($1 \leq j < q$; für $j = q$ ergibt dieser Ansatz keinen Sinn, weil dann jeder Wähler alle Alternativen wählen müsste), während die bei allen diesen Prozeduren sieglose Alternative a_q beim Borda-Verfahren erfolgreich ist.

Auch Eliminationsverfahren, die auf Punkte-Verfahren basieren, können derartige unerwartete Ergebnisse produzieren, wie die folgende, ebenfalls auf Saari [2] zurückgehende Aussage demonstriert:

Satz 2.8 *Die Alternativenmenge A habe mindestens drei Elemente. Wir führen dann folgende Operationen durch:*

(a) *Wir geben eine beliebige Reihenfolge der Alternativen vor, wobei auch mehrere Alternativen auf dem gleichen Platz eingeordnet sein dürfen, und wählen eine beliebige Punkteverteilungsfunktion.*

(b) *Wir streichen eine Alternative aus der Menge A und sortieren die verbleibenden Alternativen wiederum beliebig nach den gleichen Maßgaben wie in (a), wobei die neue Reihenfolge keine Beziehung zur vorigen Reihenfolge haben muss. Weiterhin wählen wir wiederum eine beliebige Punkteverteilungsfunktion.*

(c) *Wir wiederholen den in (b) beschriebenen Prozess (eine Alternative streichen, die restlichen Alternativen sortieren und eine Punkteverteilungsfunktion wählen, ohne bei Sortierung oder Wahl der Punkteverteilungsfunktion auf frühere Festlegungen Rücksicht zu nehmen), bis nur noch zwei Alternativen übrig bleiben. Für diese beiden Alternativen wird dann nochmals eine Reihenfolge willkürlich festgelegt und das $(1,0)$-Punkte-Verfahren (Verfahren der einfachen Mehrheit) ausgewählt.*

Dann kann man ein Profil P mit folgender Eigenschaft finden: Ist P_j die Restriktion des Profils auf die oben ermittelte j-elementige Teilmenge von A, so liefert die Anwendung des Ranglistenverfahrens zu der gemäß unserer Konstruktion hierzu gewählten Punkteverteilungsfunktion genau die festgelegte Reihenfolge der Alternativen.

Dieses Ergebnis hat weitreichende Konsequenzen. Zum Beispiel besagt es für ein Eliminationsverfahren, das auf einem Punkte-Verfahren basiert, dass es zwischen der Reihenfolge der (noch im Rennen befindlichen) Alternativen zu einem beliebigen Zeitpunkt des Eliminationsprozesses und der Reihenfolge zu einem anderen Zeitpunkt überhaupt keine Beziehung geben muss. Insbesondere ist es möglich, dass die Alternativen in einer gewissen Runde die Reihenfolge $a_1, a_2, \ldots, a_j$ haben und dass in der nächsten Runde nach dem Ausscheiden des Letztplatzierten a_j für die verbliebenen Alternativen die genau umgekehrte Reihenfolge $a_{j-1}, a_{j-2}, \ldots, a_1$ entsteht. Für den Beweis dieses Resultats verweisen wir auf die Originalquelle [2].

Wir werden uns im weiteren Verlauf der Überlegungen hauptsächlich auf die Betrachtung von Entscheidungsverfahren beschränken, die Ideen an einzelnen geeigneten Stellen aber auch auf Ranglistenverfahren ausdehnen.

Trotz der genannten teilweise problematischen Eigenschaften sind Punkte-Verfahren wie bereits erwähnt gerade im Sport häufig anzutreffen. Einige Beispiele wollen wir explizit nennen.

Beispiel 2.19

(a) Bei der Ermittlung des Weltcupsiegers im alpinen Skisport wird seit 1993 ein Punkteverfahren mit folgender Punkteverteilung genutzt:

Platz j	1	2	3	4	5	6	7	8	9	10
Punktzahl λ_j	100	80	60	50	45	40	36	32	29	26

Platz j	11	12	13	14	15 bis 30		31, 32, 33, …
Punktzahl λ_j	24	22	20	18	$31 - j$		0

Dieses Verfahren ist genau dann strikt, wenn die Anzahl der Teilnehmer 31 oder weniger beträgt.

(b) Auch im Segelsport wird der Sieger einer aus mehreren Wettfahrten bestehenden Regatta durch ein Punkte-Verfahren ermittelt. Verschiedene Varianten sind oder waren gebräuchlich, z. B. das DSV-System $(0, -1.6, -2.9, -4, -5, -6, \ldots)$, das klassische olympische System (auch als Bonuspunkt-System bezeichnet) $(0, -3, -5.7, -8, -10, -11.7, -13, -14, -15, \ldots)$ oder das Low-Point-System mit $\lambda_j = -j$, das dem Borda-System äquivalent ist. Alle diese Verfahren sind strikt.

Formal werden bei Segelwettbewerben nicht die in Beispiel 2.19(b) genannten negativen Punkte vergeben, sondern deren Beträge. Am Ende wird dann nicht der Teilnehmer mit der höchsten Punktzahl zum Sieger erklärt, sondern derjenige mit der niedrigsten. Die Äquivalenz zu unserer Beschreibung ist jedoch evident.

Bei näherer Betrachtung der Beispiele erkennt man, dass eine spezielle Eigenschaft gerade in Anwendungen aus dem Umfeld des Sports gerne genutzt wird.

Definition 2.16 Gegeben sei ein $(\lambda_1, \lambda_2, \ldots, \lambda_q)$-Punkte-Verfahren. Wir definieren die Werte $\lambda'_j := \lambda_j - \lambda_{j+1}$, $j = 1, 2, \ldots, q - 1$. Das Verfahren heißt *konvex*, wenn $\lambda'_1 \geq \lambda'_2 \geq \lambda'_3 \geq \ldots \geq \lambda'_{q-1}$ gilt. Es heißt *streng konvex*, wenn $\lambda'_1 > \lambda'_2 > \lambda'_3 > \ldots > \lambda'_{q-1}$ gilt.

Bemerkung 2.2 Der Begriff der Konvexität erklärt sich aus der Form des Graphen der Funktion $j \mapsto \lambda_j$. Diese Kurve ist genau dann (streng) konvex, wenn das Punkte-Verfahren (streng) konvex ist.

Beispiel 2.20 Alle in Beispiel 2.19 genannten Verfahren sind konvex. Für das aktuelle Ski-Weltcup-System verdeutlichen wir diese Eigenschaft gemäß Bemerkung 2.2 anhand des Graphen der Funktion $j \mapsto \lambda_j$ in Abb. 2.1.

Streng konvex ist z. B. das Bonuspunkt-System beim Segeln, wenn $q \leq 8$ gilt.

Die Beliebtheit konvexer (oder sogar streng konvexer) Punkte-Verfahren beim Sport kann man erklären: Die Zahl λ'_j aus Definition 2.16 gibt an, wie viele Punkte ein Teilnehmer hinzubekommt, wenn er sich von Platz $j + 1$ auf Platz j vorarbeitet. Hierzu muss er den Teilnehmer, der vorher auf dem j-ten Platz lag, überholen. Je kleiner j ist, desto stärker ist dieser Konkurrent, und desto schwieriger ist der Überholvorgang. Um die Überwindung dieser größeren Schwierigkeit angemessen zu belohnen, müssen die λ'_j für kleine j größer sein als für große j.

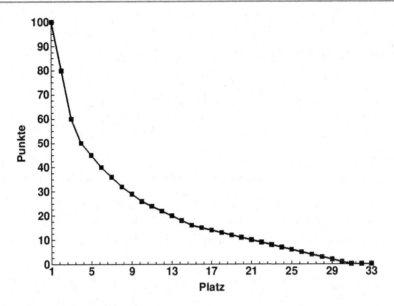

Abb. 2.1 Punkteverteilung beim Ski-Weltcup-System

Beispiel 2.21 Wir betrachten das Profil P mit

Kriterien	Prioritätenliste
1, 2	(Alice, Bob, Carol)
3	(Bob, Alice, Carol)
4	(Carol, Alice, Bob)

und setzen ein allgemeines Punkte-Verfahren an, ohne zunächst die genaue Punkteverteilung zu spezifizieren. Wir erhalten dann

$$
\begin{aligned}
\pi(\text{Alice}) &= 2\lambda_1 + 2\lambda_2, \\
\pi(\text{Bob}) &= 1\lambda_1 + 2\lambda_2 + 1\lambda_3 \\
&< 2\lambda_1 + 2\lambda_2 && (\text{wegen } \lambda_3 < \lambda_1) \\
&= \pi(\text{Alice}), \\
\pi(\text{Carol}) &= 1\lambda_1 + 0\lambda_2 + 3\lambda_3 \\
&< 2\lambda_1 + 2\lambda_3 && (\text{wegen } \lambda_3 < \lambda_1) \\
&\leq 2\lambda_1 + 2\lambda_2 && (\text{wegen } \lambda_3 \leq \lambda_2) \\
&= \pi(\text{Alice}).
\end{aligned}
$$

Man erkennt, dass Alice immer eindeutig die höchste Punktzahl bekommt, unabhängig von der Wahl der λ_j.

Diese Beobachtung kann man verallgemeinern.

Satz 2.9 *Es gebe ein $a^* \in A$ derart, dass für alle $a \in A$*

$$\phi_1(P, a^*) \geq \phi_1(P, a),$$

$$\phi_1(P, a^*) + \phi_2(P, a^*) \geq \phi_1(P, a) + \phi_2(P, a),$$

$$\phi_1(P, a^*) + \phi_2(P, a^*) + \phi_3(P, a^*) \geq \phi_1(P, a) + \phi_2(P, a) + \phi_3(P, a),$$

$$\vdots$$

$$\phi_1(P, a^*) + \phi_2(P, a^*) + \ldots + \phi_{q-1}(P, a^*) \geq \phi_1(P, a) + \phi_2(P, a) + \ldots + \phi_{q-1}(P, a^*)$$

gilt. Dann gilt für jedes Punkte-Verfahren C die Aussage $a^* \in C(P)$, d. h. a^* ist immer (nicht notwendigerweise eindeutiger) Sieger. Für jedes strikte Punkte-Verfahren C gilt sogar $C(P) = \{a^*\}$, wenn mindestens eine der obigen Ungleichungen eine echte Ungleichung ist.

Beweis Für die erste Behauptung ist zu zeigen, dass für alle $a \in A$ die Ungleichung

$$\pi(a^*) = \sum_{j=1}^{q} \lambda_j \phi_j(P, a^*) \geq \sum_{j=1}^{q} \lambda_j \phi_j(P, a) = \pi(a)$$

gilt. Hierzu nutzen wir die für beliebige $x_j, y_j \in \mathbb{R}$ geltende Formel der *partiellen Summation*

$$
\begin{aligned}
x_1 y_1 + x_2 y_2 + \ldots + x_q y_q &= x_1(y_1 - y_2) + (x_1 + x_2)(y_2 - y_3) \\
&\quad + (x_1 + x_2 + x_3)(y_3 - y_4) \\
&\quad + \ldots + (x_1 + x_2 + \ldots + x_{q-1})(y_{q-1} - y_q) \\
&\quad + (x_1 + x_2 + \ldots + x_q) y_q,
\end{aligned}
$$

deren Gültigkeit leicht nachgerechnet werden kann. Diese Formel wenden wir zunächst auf die Summe auf der linken Seite der behaupteten Ungleichung an. Dies ergibt

$$
\begin{aligned}
\sum_{j=1}^{q} \lambda_j \phi_j(P, a^*) &= [\phi_1(P, a^*)](\lambda_1 - \lambda_2) + [\phi_1(P, a^*) + \phi_2(P, a^*)](\lambda_2 - \lambda_3) \\
&\quad + \ldots + [\phi_1(P, a^*) + \phi_2(P, a^*) + \ldots + \phi_{q-1}(P, a^*)](\lambda_{q-1} - \lambda_q) \\
&\quad + [\phi_1(P, a^*) + \phi_2(P, a^*) + \ldots + \phi_q(P, a^*)]\lambda_q.
\end{aligned}
$$

In dem Ausdruck auf der rechten Seite dieser Gleichung sind alle in runden Klammern stehenden Ausdrücke nach Konstruktion nichtnegativ. Wir können die Summe also nach unten abschätzen, indem wir die Ausdrücke in den eckigen Klammern mit Ausnahme des letzten so nach unten abschätzen, wie es durch die Voraussetzung des Satzes nahegelegt wird. Für die letzte eckige Klammer nutzen wir die aus Lemma 2.3 folgende Identität

$$\phi_1(P, a^*) + \phi_2(P, a^*) + \ldots + \phi_q(P, a^*) = n = \phi_1(P, a) + \phi_2(P, a) + \ldots + \phi_q(P, a).$$

Damit kommen wir zu

$$
\sum_{j=1}^{q} \lambda_j \phi_j(P, a^*) \geq [\phi_1(P, a)](\lambda_1 - \lambda_2) + [\phi_1(P, a) + \phi_2(P, a)](\lambda_2 - \lambda_3)
$$
$$
+ \ldots + [\phi_1(P, a) + \phi_2(P, a) + \ldots + \phi_{q-1}(P, a)](\lambda_{q-1} - \lambda_q)
$$
$$
+ [\phi_1(P, a) + \phi_2(P, a) + \ldots + \phi_q(P, a)]\lambda_q
$$

für beliebige $a \in A$. Die rechte Seite dieser Ungleichung ist aber wegen der Formel der partiellen Summation gerade identisch mit der rechten Seite der Behauptung.

Die zweite Behauptung ergibt sich analog unter Ausnutzung der dort gemachten Zusatzannahme und der Tatsache, dass die Ausdrücke in den runden Klammern nun sogar echt positiv sind.   □

Gelegentlich werden Punkte-Verfahren benutzt, um Entscheidungen zwischen zwei oder mehr Alternativen zu treffen, die bezüglich eines anderen Entscheidungsverfahrens gleichwertig sind.

Definition 2.17 Sei C_0 ein beliebiges Entscheidungsverfahren und C_1 ein Punkte-Verfahren mit Punkteverteilungsfunktion π. Die *Zusammensetzung* von C_0 und C_1 ist dann das Entscheidungsverfahren C mit der Eigenschaft

$$
a^* \in C(P) \Leftrightarrow [a^* \in C_0(P) \text{ und } \pi(a^*) \geq \pi(a) \text{ für alle } a \in C_0(P)] .
$$

Wir schreiben hierfür kurz $C = C_1 \bullet C_0$.

Bemerkung 2.3 Die Idee hinter einer Zusammensetzung ist, zunächst das (ganz beliebige) Verfahren C_0 auf das gegebene Profil P anzuwenden. Gibt es dabei einen eindeutigen Sieger, so ist nichts weiter zu tun. Anderenfalls wird das Punkte-Verfahren C_1 auf das gesamte Profil P angewendet. Die Punkte der Nicht-Sieger von C_0 spielen keine Rolle; zu Siegern bezüglich der Zusammensetzung C werden diejenigen Sieger von C_0 erklärt, die bezüglich C_1 die höchste Punktzahl erreichen. Auf diese Weise wird sichergestellt, dass $C(P) \subseteq C_0(P)$ gilt.

Sollte die Menge $C(P)$ immer noch zu viele Elemente enthalten, so kann das Vorgehen so oft wie gewünscht wiederholt werden, wobei es auch zulässig ist, von Schritt zu Schritt die Punkteverteilungsfunktion zu ändern.

Ist C_0 selbst ein Punkte-Verfahren, so nennt man die j-fache Zusammensetzung $C_j \bullet C_{j-1} \bullet \cdots \bullet C_1 \bullet C_0$ ein *zusammengesetztes Punkte-Verfahren*.

Bemerkung 2.4 Die Zusammensetzung $C_1 \bullet C_0$ zweier Verfahren C_0 und C_1 darf nicht mit der klassischen Hintereinanderschaltung $C_1 \circ C_0$ der zugehörigen Abbildungen verwechselt werden. Bei letzterer würde das Verfahren C_1 nur auf die Siegermenge von C_0 angewendet werden; tatsächlich berechnen wir bei der Zusammensetzung jedoch die Punkte bezüglich der *gesamten* Alternativenmenge.

Beispiel 2.22 Wir betrachten das Profil P mit

Kriterien	Prioritätenliste
1	(Alice, Bob, Carol, Dave, Emma)
2	(Dave, Bob, Emma, Carol, Alice)

und wählen für C_0 das Verfahren der einfachen Mehrheit und für C_1 das Borda-Verfahren. Das Verfahren der einfachen Mehrheit ermittelt dann zunächst die Sieger Alice und Dave. Zur Auflösung dieser Pattsituation wenden wir das Borda-Verfahren an, berechnen also die Borda-Punktzahlen

$$\pi(\text{Alice}) = 4, \quad \pi(\text{Bob}) = 6, \quad \pi(\text{Carol}) = 3, \quad \pi(\text{Dave}) = 5 \quad \text{und} \quad \pi(\text{Emma}) = 2,$$

und streichen *danach* die Nicht-Sieger von C_0 heraus, so dass nicht der Borda-Sieger Bob zum Gesamtsieger erklärt wird, sondern der Kandidat Dave, der unter den Siegern des Verfahrens C_0 die höchste Borda-Punktzahl erhält. Wesentlich hierbei ist, wie in Bemerkung 2.4 erwähnt, dass das Borda-Verfahren noch auf das komplette Profil angewendet wird, d. h. wir berücksichtigen auch die Nicht-Sieger des Verfahrens C_0 bei der Berechnung der Punkte. Wenn wir das nicht getan hätten, hätte das Borda-Verfahren auch ein Unentschieden zwischen Alice und Dave ergeben; dieses Vorgehen würde jedoch einer Hintereinanderausführung $C_1 \circ C_0$ und nicht unserer Zusammensetzung $C_1 \bullet C_0$ entsprechen.

2.5 Majoritätsrelationen

Jetzt wollen wir eine gänzlich andere Methode zur Bestimmung von Siegermengen konstruieren. Hierzu beginnen wir mit einem Beispiel.

Beispiel 2.23 Wir betrachten das Profil P mit

Kriterien	Prioritätenliste
1, 2, 3, 4	(Carol, Bob, Alice, Dave)
5, 6	(Bob, Alice, Dave, Carol)
7, 8	(Alice, Dave, Carol, Bob)

In diesem Profil picken wir zunächst nur zwei Alternativen heraus, etwa Alice und Bob. Hierfür erkennen wir, dass Bob von sechs Kriterien bevorzugt wird, Alice nur von zwei Kriterien. Also notieren wir:

- Bob ist besser als Alice.

In analoger Weise vergleichen wir jetzt alle anderen Paare von Alternativen miteinander und kommen zum Ergebnis

- Alice ist besser als Dave,
- Bob ist besser als Dave,
- Carol ist besser als Bob.

Für die restlichen Paare (Alice, Carol) und (Carol, Dave) können wir keine Aussage darüber treffen, welche Alternative den direkten Vergleich gewinnt, denn in beiden Fällen gibt es je vier Kriterien, die jede der beiden zum Vergleich stehenden Alternativen bevorzugen.

Zusammenfassend können wir also sagen:

- Alice gewinnt einen Vergleich (gegen Dave), verliert einen Vergleich (gegen Bob) und erzielt ein Unentschieden (gegen Carol).
- Bob gewinnt zwei Vergleiche und verliert einen.
- Carol gewinnt einen Vergleich und erreicht zwei Unentschieden.
- Dave verliert zwei Vergleiche und erreicht ein Unentschieden.

Verteilen wir nun einen Pluspunkt für einen gewonnenen Vergleich, einen Minuspunkt für jede Niederlage und keinen Punkt für ein Unentschieden, so erhält Alice insgesamt 0 Punkte, Bob und Carol kommen auf je 1 Punkt und Dave auf -2 Punkte. Dieser Ansatz lässt es plausibel erscheinen, die Menge {Bob, Carol} als Siegermenge festzulegen.

Diese Idee führt auf folgende mathematische Formulierungen.

Definition 2.18 Sei $P = (p_1, p_2, \ldots, p_n)$ ein Profil über der Alternativenmenge A mit Prioritätenlisten $p_1, p_2, \ldots, p_n$ und zugehörigen „besser als"-Relationen $\succ_1, \succ_2, \ldots \succ_n$. Wir definieren für zwei beliebige Alternativen a und a^* den Ausdruck $\Pi(P, (a, a^*))$ als die Anzahl der Male, die a im Profil P vor a^* steht. Wenn aus dem Zusammenhang klar ist, welches Profil gemeint ist, schreiben wir kurz $\Pi(a, a^*)$. In mathematischer Notation führt dies auf

$$\Pi(P, (a, a^*)) := \Pi(a, a^*) := \sum_{k=1}^{n} |\succ_k \cap \{(a, a^*)\}|.$$

In Beispiel 2.23 ist also $\Pi(P, (\text{Alice}, \text{Bob})) = 2$ und $\Pi(P, (\text{Bob}, \text{Alice})) = 6$.

Definition 2.19 Die *Majoritätsrelation* $M(P)$ eines Profils P ist die durch

$$(a, a^*) \in M(P) :\Leftrightarrow \Pi(P, (a, a^*)) > \Pi(P, (a^*, a))$$

gegebene Relation über A.

Beispiel 2.24

(a) Für das Profil P aus Beispiel 2.23 ergibt sich die Majoritätsrelation $M(P) = \{(\text{Bob}, \text{Alice}), (\text{Alice}, \text{Dave}), (\text{Bob}, \text{Dave}), (\text{Carol}, \text{Bob})\}$.

(b) Für das Profil P mit

Kriterien	Prioritätenliste
1	(Alice, Bob, Carol)
2	(Alice, Carol, Bob)
3	(Bob, Alice, Carol)

erhalten wir die Majoritätsrelation $M(P) = \{(\text{Alice}, \text{Bob}), (\text{Alice}, \text{Carol}), (\text{Bob}, \text{Carol})\}$.

Bemerkung 2.5

(a) Eine Majoritätsrelation muss nicht transitiv sein, wie man an der Relation aus Beispiel 2.24(a) erkennt, die die Paare (Carol, Bob) und (Bob, Dave) enthält, aber nicht das Paar (Carol, Dave), das bei einer transitiven Relation damit zwingend notwendig wäre. (Eine genauere Einsicht in diese Frage ergibt sich aus dem folgenden Satz 2.10.)

(b) Aus der Definition folgt, dass Majoritätsrelationen asymmetrisch sind, denn es kann nicht gleichzeitig $\Pi(P, (a, a^*)) > \Pi(P, (a^*, a))$ und $\Pi(P, (a^*, a)) > \Pi(P, (a, a^*))$ gelten.

(c) Wenn die Anzahl n der Kriterien ungerade ist, ist die Majoritätsrelation vollständig, denn wegen

$$\Pi(P, (a, a^*)) + \Pi(P, (a^*, a)) = n$$

können für kein Paar (a, a^*) von Alternativen die (per definitionem ganzzahligen) Werte $\Pi(P, (a, a^*))$ und $\Pi(P, (a^*, a))$ gleich groß sein, so dass also immer entweder $(a, a^*) \in M(P)$ oder $(a^*, a) \in M(P)$ gelten muss. Ist n jedoch gerade, so kann es vorkommen, dass $\Pi(P, (a, a^*)) = \Pi(P, (a^*, a))$ für (mindestens) ein Paar (a, a^*) gilt. In diesem Fall ist $M(P)$ nicht vollständig. Ein Beispiel für eine nicht vollständige Majoritätsrelation hatten wir in Beispiel 2.24(a) gesehen.

Definition 2.20 Die *Punktzahl* $c(a)$ eines Elements $a \in A$ bezüglich einer Relation Q über A ist

$$c(a) := \left|\{a' \in A : (a, a') \in Q\}\right| - \left|\{a' \in A : (a', a) \in Q\}\right|.$$

Bemerkung 2.6 Die Punktzahl entspricht also der Zahl der Siege abzüglich der Zahl der Niederlagen. Hierzu äquivalent ist offensichtlich die in vielen Sportarten gebräuchliche Punktverteilung von zwei Punkten für einen Sieg, einem Punkt für ein Unentschieden und keinem Punkt für eine Niederlage: Ist a^* ein Teilnehmer mit ν_S Siegen, ν_U Unentschieden und ν_N Niederlagen, so ist $c(a^*) = \nu_S - \nu_N$; im anderen Verfahren sind es $2\nu_S + \nu_U$ Punkte. Da jeder gegen jeden antrat, ist (wenn wir $|A| = q$ setzen) $\nu_S + \nu_U + \nu_N = q - 1$, also $\nu_U = q - 1 - \nu_S - \nu_N$. Daher liefert das zweite Verfahren $2\nu_S + \nu_U = 2\nu_S + q - 1 - \nu_S - \nu_N =$

$v_S - v_N + q - 1$ Punkte, d. h. es wird (im Vergleich zur Punktzahl aus Definition 2.20) nur der für jeden Teilnehmer gleiche Wert $q - 1$ hinzuaddiert.

Definition 2.21 Die *Copeland-Menge* Cop(Q) zu einer Relation Q über der Menge A ist gegeben durch Cop(Q) := $\{a^* \in A : c(a^*) = \max_{a \in A} c(a)\}$.
Das Entscheidungsverfahren $C^{\text{Cop}}(P) := \text{Cop}(M(P))$ heißt *Copeland-Verfahren*.

Das Copeland-Verfahren, dessen erste systematische Analyse auf den amerikanischen Mathematiker Arthur H. Copeland [1] zurückgeht, berechnet also für jeden Teilnehmer eine Punktzahl entsprechend der oben beschriebenen Idee und erklärt dann die Alternativen mit der höchsten Punktzahl zu Siegern. Offensichtlich lässt es sich genauso wie die in Abschn. 2.4 behandelten Punkte-Verfahren zu einem Ranglistenverfahren ausbauen. Die Popularität der Methode beruht zum großen Teil auf der Einfachheit und Allgemeinverständlichkeit ihres Konstruktionsprinzips.

Tatsächlich kann jede beliebige asymmetrische Relation eine Majoritätsrelation sein, unabhängig von anderen Eigenschaften wie Transitivität oder Vollständigkeit:

Satz 2.10 *Ist Z eine asymmetrische Relation über A, so existiert ein Profil P mit der Eigenschaft $Z = M(P)$.*

Beweis Wir führen den Beweis konstruktiv, d. h. wir stellen ein geeignetes Profil P explizit zusammen. Hierzu fügen wir für jedes Paar $(a_i, a_j) \in Z$ die Prioritätenlisten

$$(a_i, a_j, \underbrace{a_1, a_2, a_3, \ldots, a_q}_{\text{ohne } a_i, a_j}) \quad \text{und} \quad (\underbrace{a_q, a_{q-1}, a_{q-2}, \ldots, a_1}_{\text{ohne } a_i, a_j}, a_i, a_j)$$

in das Profil P ein. Damit ergibt sich für jedes $(a_i, a_j) \in Z$ die Anzahl $\Pi(P, (a_i, a_j)) = 2 + \Pi(P, (a_j, a_i))$ und somit auch $(a_i, a_j) \in M(P)$. Für $(a_k, a_l) \notin Z$ andererseits wird bei jedem Einfügevorgang höchstens eine Prioritätenliste eingefügt, in der a_k vor a_l steht, und mindestens eine Liste, bei der es umgekehrt ist. Daher erhalten wir in diesem Fall $\Pi(P, (a_k, a_l)) \leq \Pi(P, (a_l, a_k))$ und somit $(a_k, a_l) \notin M(P)$. $\square$

Das Konzept der Majoritätsrelation lässt nicht nur die Copeland-Idee als Konstruktionsmethode für Entscheidungsverfahren zu, sondern auch andere Ansätze. Zur Verdeutlichung der mit diesen Ansätzen verbundenen Ideen ist es nützlich, zunächst eine neue Darstellung der Majoritätsrelation zu entwickeln, die auch für die Überlegungen aus Kap. 5 noch hilfreich sein wird: Die Majoritätsrelation können wir in Form eines gerichteten Graphen zeichnen. Das bedeutet, dass wir die Alternativen als Punkte (z. B. in der Zeichenebene) interpretieren, und immer dann, wenn ein Paar (a_j, a_k) in der Majoritätsrelation enthalten ist, fügen wir einen Pfeil (anders formuliert: eine gerichtete Kante) von a_j nach a_k hinzu. Jeder Pfeil zeigt damit also das Ergebnis eines direkten Vergleichs von zwei Alternativen an: Die Alternative am Anfang des Pfeils besiegt diejenige, zu der der Pfeil hinzeigt.

Beispiel 2.25 Wir betrachten das Profil P mit

Kriterien	Prioritätenliste	Kriterien	Prioritätenliste
1	(a_1, a_3, a_2, a_4)	6	(a_4, a_1, a_2, a_3)
2	(a_4, a_2, a_1, a_3)	7	(a_2, a_4, a_1, a_3)
3	(a_1, a_4, a_2, a_3)	8	(a_3, a_1, a_2, a_4)
4	(a_3, a_2, a_1, a_4)	9	(a_3, a_4, a_1, a_2)
5	(a_2, a_3, a_1, a_4)	10	(a_2, a_1, a_3, a_4)

und zugehöriger Majoritätsrelation

$$M(P) = \{(a_1, a_3), (a_1, a_4), (a_2, a_3), (a_2, a_4), (a_3, a_4)\}.$$

Der zu dieser Majoritätsrelation gehörige Graph hat die Form

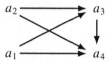

Bemerkung 2.7 Wesentliche Eigenschaften der Majoritätsrelation lassen sich an der Form des zugehörigen Graphen erkennen:

(a) Wenn es zwei verschiedene Alternativen a und a' gibt, die im Graphen durch keine Kante verbunden sind, ist sowohl $(a, a') \notin M(P)$ als auch $(a', a) \notin M(P)$. Dies ist gleichbedeutend damit, dass die Relation $M(P)$ nicht vollständig ist. In Beispiel 2.25 trifft dies auf das Paar (a_1, a_2) zu.

(b) Die Asymmetrie der Majoritätsrelation erkennt man daran, dass zwischen jedem Paar von Alternativen höchstens eine Kante im Graphen existiert. Es ist also nicht möglich, im Graphen gleichzeitig eine Kante von a nach a' und eine Kante von a' nach a zu haben.

Beispiel 2.26 Aus der Majoritätsrelation von Beispiel 2.25 ergibt sich, dass wir die dortige Alternativenmenge A disjunkt zerlegen können in die beiden Teilmengen $A' = \{a_1, a_2, a_3\}$ und $A'' = \{a_4\}$ mit der Eigenschaft, dass jedes Element von A' den direkten Vergleich gegen jedes Element von A'' gewinnt. Diese Aussage können wir mit Hilfe des Graphen dadurch darstellen, dass wir die zu den beiden Teilmengen A' bzw. A'' gehörigen Knoten des Graphen wie in der Darstellung

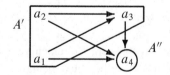

angedeutet zusammenfassen und erkennen, dass

(a) jedes Element von A' mit jedem Element von A'' durch einen Pfeil verbunden ist, und
(b) alle diese Pfeile die gleiche Richtung haben, nämlich von A' nach A''.

Die in diesem Beispiel ermittelte Zerlegung der Alternativenmenge wollen wir uns näher ansehen.

Definition 2.22 Q sei eine Relation über A. Die Menge $A' \subseteq A$ heißt Q-*dominierend*, wenn $A' \neq \emptyset$ ist und für alle $x \in A'$ und $y \in A \setminus A'$ die Aussage $(x, y) \in Q$ gilt.

Eine Q-dominierende Menge heißt *minimal*, wenn sie keine Q-dominierende echte Teilmenge hat.

Die Menge A' ist also Q-dominierend, wenn jedes Element aus A' den Vergleich mit jedem Element, das nicht in A' liegt, gewinnt. In der Sprache der Graphentheorie sind dies genau die beiden in Beispiel 2.26 genannten Eigenschaften: Jedes Element von A' ist mit jedem außerhalb von A' liegenden Element durch einen Pfeil verbunden, und alle diese Pfeile zeigen aus A' heraus.

Dieses Konzept kann man in sehr unterschiedlichen Situationen nutzen; ein wichtiges Beispiel sind etwa die in Kap. 5 betrachteten Turniere und ihre Verallgemeinerungen, bei denen auf die Forderung der Vollständigkeit verzichtet wird. An dieser Stelle wollen wir uns jedoch wie in Beispiel 2.26 angedeutet zunächst mit der Anwendung auf Majoritätsrelationen befassen und auf diesem Wege Siegermengen konstruieren.

Beispiel 2.27 Der triviale Fall einer Q-dominierenden Menge ist die gesamte Alternativenmenge A selbst, und zwar für jede Relation Q.

Für $A = \{a_1, a_2, a_3\}$ und die Relation $Q = \{(a_1, a_2), (a_2, a_3), (a_1, a_3)\}$ stellt man fest, dass die Mengen $\{a_1\}$, $\{a_1, a_2\}$ und $\{a_1, a_2, a_3\}$ Q-dominierend sind. Die Menge $\{a_1\}$ ist demnach minimale Q-dominierende Menge.

Satz 2.11 *Wenn die Relation Q asymmetrisch ist, dann existiert genau eine minimale Q-dominierende Menge, die so genannte* Condorcet-Menge $\mathrm{Con}(Q)$.

Beweis Seien A_1 und A_2 zwei verschiedene Q-dominierende Mengen. Dann ist entweder $A_1 \subset A_2$ oder $A_2 \subset A_1$, denn wenn keine dieser Inklusionen gelten würde, existierten $a_1 \in A_1 \setminus A_2$ und $a_2 \in A_2 \setminus A_1$, und wegen der Q-Dominanz von A_1 ergibt sich $(a_1, a_2) \in Q$, während gleichzeitig wegen der Q-Dominanz von A_2 auch $(a_2, a_1) \in Q$ gilt, was im Widerspruch zur Asymmetrie von Q steht. Die minimale Q-dominierende Menge ergibt sich demnach als der Durchschnitt aller (endlich vielen) Q-dominierenden Mengen. $\square$

Daraus ergibt sich sofort ein Entscheidungsverfahren:

Definition 2.23 Das *Entscheidungsverfahren von Good* ist durch $C^{\mathrm{Good}}(P) := \mathrm{Con}(M(P))$ gegeben.

Dieses Verfahren kann man als negatives Auswahlverfahren interpretieren: Man unterteilt die Alternativenmenge zunächst so in eine möglichst kleine Menge A' und den Rest A'', dass jeder Vergleich zwischen einem Element aus A' und einem Element aus A'' von dem Element aus A' gewonnen wird. Ohne dass man jetzt die Vergleiche innerhalb der Teilmengen berücksichtigen müsste, kann man schon argumentieren, dass die Elemente von A'' in diesem Sinne so schlecht sind, dass sie auf keinen Fall zu Siegern erklärt werden sollen. Das Verfahren von Good schließt dann auch diese und nur diese Alternativen aus der Siegermenge aus.

Bemerkung 2.8 Das vom amerikanischen Mathematiker John H. Smith [5] aufgestellte *Postulat von Smith* fordert, dass nur Elemente von $\mathrm{Con}(M(P))$ als Sieger in Frage kommen sollen; es erscheint nach der obigen Interpretation unmittelbar plausibel. Mathematisch formuliert bedeutet das, dass für jedes „sinnvolle" Entscheidungsverfahren C die Beziehung $C(P) \subseteq C^{\mathrm{Good}}(P)$ gelten soll.

Wegen dieser Beziehung zwischen $\mathrm{Con}(M(P))$ und dem Postulat von Smith wird die Condorcet-Menge von $M(P)$ auch als *Smith-Menge* des Profils P bezeichnet.

Bemerkung 2.9 Das Copeland-Verfahren erfüllt das Postulat von Smith, d. h. es gilt $C^{\mathrm{Cop}}(P) \subseteq C^{\mathrm{Good}}(P)$.

Beispiel 2.28 Das Borda-Verfahren hingegen genügt dem Postulat von Smith nicht: Für das Profil P mit

Kriterien	Prioritätenliste
1, 2, 3	(Alice, Carol, Bob)
4, 5	(Bob, Carol, Alice)

liefert das Borda-Verfahren die Punkteverteilung $\pi(\text{Alice}) = 6$, $\pi(\text{Bob}) = 7$ und $\pi(\text{Carol}) = 2$ und somit die Siegermenge $C^{\mathrm{Bo}}(P) = \{\text{Bob}\}$, während sich die Majoritätsrelation zu $M(P) = \{(\text{Alice}, \text{Bob}), (\text{Alice}, \text{Carol}), (\text{Bob}, \text{Carol})\}$ ergibt, so dass $\mathrm{Con}(M(P)) = \{\text{Alice}\}$ gilt.

Jedes Verfahren, das dem Postulat von Smith nicht genügt, kann mit einem naheliegenden Ansatz so modifiziert werden, dass das Smith-Postulat doch erfüllt wird:

Definition 2.24 Sei C ein Entscheidungsverfahren. Das Entscheidungsverfahren C' mit $C'(P) := C(P_{|C^{\mathrm{Good}}(P)})$, das sich dadurch ergibt, dass man auf das gegebene Profil zunächst das Good-Verfahren anwendet, dann das gegebene Profil auf die zugehörige Good-Siegermenge restringiert und auf dieses Profil schließlich das ursprüngliche Verfahren anwendet, heißt *Smith-Modifikation* des ursprünglichen Verfahrens C.

Bemerkung 2.10 Offensichtlich kann ein solches im Sinne von Smith modifiziertes Verfahren nur Elemente der Condorcet-Menge von $M(P)$ zum Sieger erklären, also ist das Postulat von Smith erfüllt.

Beispiel 2.29 Für das Profil P aus Beispiel 2.28 ergibt die Smith-Modifikation des Borda-Verfahrens die Siegermenge $\{a_1\}$, denn wie oben bereits bemerkt ist a_1 das einzige Element von $\mathrm{Con}(M(P))$.

Bemerkung 2.11 Das Konstruktionsprinzip der Smith-Modifikation kann natürlich auch auf ein Entscheidungsverfahren angewendet werden, das das Smith-Postulat bereits erfüllt. Dabei muss man jedoch feststellen, dass die Siegermengen von ursprünglichem und modifiziertem Verfahren nicht übereinstimmen müssen. Ein Beispiel hierfür liefert das ad hoc konstruierte Verfahren C mit

$$C(P) := \big\{a^* \in \mathrm{Con}(M(P)) : \pi(a^*) = \max_{a \in \mathrm{Con}(M(P))} \pi(a)\big\},$$

bei dem wir zunächst die Borda-Punkte für das komplette Profil berechnen, dann aber nur in der Condorcet-Menge von $M(P)$ nach den Elementen mit maximaler Borda-Punktzahl suchen und diese dann zu Siegern erklären. Dass hier nur Elemente der Condorcet-Menge gewinnen können, ergibt sich direkt aus der Konstruktion; das Smith-Postulat ist also erfüllt.

Für das Profil P mit

Kriterien	Prioritätenliste
1	(Alice, Bob, Carol)
2	(Alice, Carol, Bob)
3, 4	(Bob, Alice, Carol)

erhalten wir die Borda-Punktzahlen $\pi(\text{Alice}) = 6$, $\pi(\text{Bob}) = 5$ und $\pi(\text{Carol}) = 1$. Die Majoritätsrelation des Profils ist $M(P) = \{(\text{Alice}, \text{Carol}), (\text{Bob}, \text{Carol})\}$ mit zugehöriger Condorcet-Menge $\mathrm{Con}(M(P)) = \{\text{Alice}, \text{Bob}\}$. Unter den Elementen dieser Menge hat Alice die eindeutig höchste Borda-Punktzahl, also ist $C(P) = \{\text{Alice}\}$.

Wenden wir jedoch die Smith-Modifikation an, so müssen wir zunächst das Profil auf $\mathrm{Con}(M(P)) = \{\text{Alice}, \text{Bob}\}$ restringieren; dies führt auf das Profil

Kriterien	Prioritätenliste
1, 2	(Alice, Bob)
3, 4	(Bob, Alice)

und somit auf die Siegermenge $C'(P) = \{\text{Alice}, \text{Bob}\}$.

Zum Konzept der Dominanz gibt es ein naheliegendes Gegenstück:

Definition 2.25 Q sei eine Relation über A. Die Menge $A' \subseteq A$ heißt *Q-undominiert*, wenn $A' \neq \emptyset$ ist und für alle $x \in A'$ und $y \in A \setminus A'$ die Aussage $(y, x) \notin Q$ gilt.

Eine Q-undominierte Menge heißt *minimal*, wenn sie keine Q-undominierte echte Teilmenge hat.

Bemerkung 2.12 Die Menge A' ist also Q-undominiert, wenn kein Element aus A' den Vergleich mit einem Element, das nicht in A' liegt, verliert. Die entsprechende graphentheoretische Formulierung lautet, dass es keinen Pfeil gibt, der außerhalb von A' beginnt und in A' hineinführt.

Lemma 2.12 *Ist Q asymmetrisch, so ist jede Q-dominierende Menge A' auch Q-undominiert.*

Beweis Dies folgt wegen der Asymmetrie der Relation unmittelbar aus den Definitionen 2.22 und 2.25. $\square$

Bemerkung 2.13 Die Umkehrung dieses Lemmas gilt im Allgemeinen nicht, d. h. eine Q-undominierte Menge muss nicht Q-dominierend sein. Ein Gegenbeispiel hierzu ist $A = \{a_1, a_2, a_3\}$ und $Q = \{(a_1, a_2)\}$. Hier ist A selbst die einzige Q-dominierende Menge, während die Mengen A, $\{a_1\}$, $\{a_3\}$, $\{a_1, a_3\}$ und $\{a_1, a_2\}$ Q-undominiert sind.

Ist die Relation Q jedoch nicht nur asymmetrisch, sondern zusätzlich auch noch vollständig, dann kann man Lemma 2.12 umkehren:

Lemma 2.13 *Sei Q asymmetrisch und vollständig. Dann ist jede Q-dominierende Menge A' auch Q-undominiert und umgekehrt.*

Beweis Die Richtung „$\Rightarrow$" der Behauptung folgt aus Lemma 2.12. Die Umkehrung ergibt sich wegen der Vollständigkeit von Q wiederum unmittelbar aus den Definitionen 2.22 und 2.25. $\square$

Ebenso wie das Konzept der Dominanz als Grundlage des Verfahrens von Good dient, kann auch die Undominiertheit als Basis eines Entscheidungsverfahrens verwendet werden.

Definition 2.26 Sei Q eine asymmetrische Relation auf der Alternativenmenge A. Die *Schwartz-Menge* $\mathrm{Swz}(Q)$ von Q ist die Vereinigung aller minimalen Q-undominierten Teilmengen von A.

Das Entscheidungsverfahren $C^{\mathrm{Swz}}(P) := \mathrm{Swz}(M(P))$ heißt *Schwartz-Verfahren*.

Satz 2.14 *Für jede asymmetrische Relation Q gilt $\mathrm{Swz}(Q) \subseteq \mathrm{Con}(Q)$.*

Es lassen sich Beispiele finden, für die zwischen den beiden in Satz 2.14 genannten Menge die echte Inklusion, also nicht die Gleichheit, gilt. So finden wir etwa in der Situation aus Bemerkung 2.13 aus den dort aufgelisteten Q-dominierenden bzw. Q-undominierten Mengen die Beziehungen $\mathrm{Con}(Q) = \{a_1, a_2, a_3\}$ und $\mathrm{Swz}(Q) = \{a_1, a_3\}$.

Korollar 2.15 *Das Verfahren von Schwartz genügt dem Postulat von Smith.*

Beweis Unmittelbare Folge aus Satz 2.14. $\square$

Beweis von Satz 2.14 Wir führen den Beweis indirekt und nehmen an, dass die Inklusion nicht gilt. Dann existiert ein $a \in \mathrm{Swz}(Q)$ mit $a \notin \mathrm{Con}(Q)$. Nach Definition von $\mathrm{Swz}(Q)$ muss a in einer minimalen Q-undominierten Menge A' liegen. Außerdem gilt, weil a nicht zur Condorcet-Menge gehört, für alle $y \in \mathrm{Con}(Q)$ die Aussage $(y, a) \in Q$. Damit folgt, dass alle $y \in \mathrm{Con}(Q)$ sogar in der Menge A' liegen, denn sonst wäre A' nicht Q-undominiert (vgl. Bemerkung 2.12). Daher ist die Condorcet-Menge von Q eine Teilmenge von A', und weil a selbst zwar in A' liegt, aber nicht in der Condorcet-Menge, ist $\mathrm{Con}(Q)$ sogar eine echte Teilmenge von A'. Die Condorcet-Menge als Q-dominierende Menge ist nach Lemma 2.12 jedoch auch Q-undominiert. Das bedeutet, dass A' eine Q-undominierte echte Teilmenge hat, was der Minimalität von A' widerspricht. □

Beispiel 2.30 Wir betrachten die Alternativenmenge $A = \{a_1, a_2, b_1, b_2, b_3\}$ mit einem Profil P, das die Majoritätsrelation $M(P) = \{(a_1, a_2), (a_2, b_1), (a_2, b_2), (a_2, b_3)\}$ hat. In diesem Fall ergeben sich die Punktzahlen zu

$$c(a_2) = 2, \quad c(a_1) = 1, \quad c(b_j) = -1 \ (j = 1, 2, 3).$$

Somit ist $C^{\mathrm{Cop}}(P) = \{a_2\}$. Andererseits sind die $M(P)$-undominierten Mengen $\{a_1\}$, $\{a_1, a_2\}$, $\{a_1, a_2, b_j\}$ $(j = 1, 2, 3)$, $\{a_1, a_2, b_j, b_k\}$ $(j, k = 1, 2, 3, j \neq k)$ und A. Also ist $C^{\mathrm{Swz}}(P) = \{a_1\}$. Folglich ist die Menge der Copeland-Sieger nicht immer eine Teilmenge der Schwartz-Siegermenge.

Definition 2.27 Ein Element $a \in A$ heißt *maximal* bezüglich der Relation Q über A, wenn $\{a\}$ eine Q-undominierte Menge ist. Es heißt *streng maximal* bezüglich Q, wenn $\{a\}$ eine Q-dominierende Menge ist.

Ein streng maximales Element bezüglich der Majoritätsrelation $M(P)$ zu einem Profil P heißt *Condorcet-Sieger* des Profils P; ein maximales Element von $M(P)$ heißt *schwacher Condorcet-Sieger* von P.

Ein maximales Element verliert also gegen kein anderes Element von A, d. h. der Graph der Majoritätsrelation enthält keinen Pfeil, der zu diesem Element hin zeigt; ein streng maximales Element gewinnt gegen jedes andere, ist also mit jedem anderen durch einen vom streng maximalen Element weg zeigenden Pfeil verbunden. Demzufolge kann es mehrere maximale Elemente geben, aber höchstens ein streng maximales Element.

Beispiel 2.31 In der Relation $Q = \{(a_1, a_2), (a_2, a_3), (a_3, a_1)\}$ über $A = \{a_1, a_2, a_3\}$ gibt es weder maximale noch streng maximale Elemente. Dies erkennt man leicht mit Hilfe des zugehörigen Graphen:

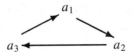

Satz 2.16

(a) *Ist $a^* \in A$ streng maximal bezüglich der Majoritätsrelation $M(P)$ zum Profil P, so gilt $C^{\text{Good}}(P) = C^{\text{Swz}}(P) = \{a^*\}$.*

(b) *Ist $H \subseteq A$ die Menge der maximalen Elemente von A bezüglich der Majoritätsrelation $M(P)$ zum Profil P, so gilt $C^{\text{Good}}(P) \supseteq C^{\text{Swz}}(P) \supseteq H$.*

Beweis Da a^* streng maximal ist, ist $\{a^*\}$ eine $M(P)$-dominierende Menge. Als einelementige Menge ist sie offensichtlich auch minimal. Wegen der Asymmetrie der Relation $M(P)$ (vgl. Bemerkung 2.5) und Satz 2.11 ist $\{a^*\} = \text{Con}(M(P)) = C^{\text{Good}}(P)$. Die Aussage $C^{\text{Good}}(P) = C^{\text{Swz}}(P)$ folgt dann aus der in Satz 2.14 bewiesenen Inklusion, denn $C^{\text{Swz}}(P)$ kann nach Definition nicht leer sein. Damit ist Teil (a) bewiesen.

Die erste Inklusion in (b) folgt ebenfalls aus Satz 2.14. Zum Nachweis der zweiten Inklusion sei $a^* \in H$. Wir müssen dann nur zeigen, dass $a^* \in C^{\text{Swz}}(P)$ gilt. Dies ist aber klar, denn wegen $a^* \in H$ ist a^* maximal, also $\{a^*\}$ eine $M(P)$-undominierte Menge, und weil diese Menge nur ein Element enthält, ist sie offenbar minimale $M(P)$-undominierte Menge. Nach Definition 2.26 folgt somit $a^* \in \{a^*\} \subseteq \text{Swz}(M(P)) = C^{\text{Swz}}(P)$. $\qquad\square$

Beispiel 2.32 Gegeben sei die Alternativenmenge $A = \{a_1, a_2, a_3, a_4\}$ und ein zugehöriges Profil P mit Majoritätsrelation $M(P) = \{(a_1, a_2), (a_2, a_3), (a_3, a_1)\}$. (Dass diese Relation Majoritätsrelation zu einem Profil ist, ergibt sich aus Satz 2.10.) Das einzige maximale Element von A ist dann, wie man am Graphen

$$a_1 \longrightarrow a_2 \longrightarrow a_3 \qquad a_4$$

erkennt, die Alternative a_4, und es ist $C^{\text{Swz}}(P) = A$.

Beispiel 2.33 Wir betrachten das Profil P mit

Kriterien	Prioritätenliste
1	(Alice, Bob, Carol, Dave, Emma)
2, 3, 4, 5	(Carol, Dave, Bob, Emma, Alice)
6	(Emma, Alice, Dave, Bob, Carol)
7, 8, 9	(Emma, Alice, Bob, Dave, Carol)

Zu diesem Profil gehört die Majoritätsrelation

$$M(P) = \{(\text{Alice}, \text{Bob}), (\text{Alice}, \text{Carol}), (\text{Alice}, \text{Dave}), (\text{Emma}, \text{Alice}), (\text{Bob}, \text{Carol}),$$
$$(\text{Bob}, \text{Emma}), (\text{Dave}, \text{Bob}), (\text{Carol}, \text{Dave}), (\text{Carol}, \text{Emma}), (\text{Dave}, \text{Emma})\}.$$

Das Copeland-Verfahren liefert demnach die Punktzahlen

$$c(\text{Alice}) = 3 - 1 = 2,$$
$$c(\text{Bob}) = c(\text{Carol}) = c(\text{Dave}) = 2 - 2 = 0,$$
$$c(\text{Emma}) = 1 - 3 = -2$$

und somit die eindeutige Siegerin Alice.

Das Verfahren der einfachen Mehrheit ergibt die Siegermenge {Carol, Emma}.

Das Verfahren der einfachen Mehrheit mit Stichwahl ermittelt daraus dann die eindeutige Wahlsiegerin Carol.

Das Eliminationsverfahren von Hare lässt in der ersten Runde die Kandidaten Bob und Dave ausscheiden. In der zweiten Runde scheidet Alice aus, und in der dritten und letzten Runde Emma, so dass Carol schließlich zur eindeutigen Siegerin erklärt wird.

Bei den Verfahren von Good und Schwartz ergibt sich jeweils die gesamte Menge A als Siegermenge.

Das Borda-Verfahren liefert die Punkte

$$\pi(\text{Alice}) = 1 \cdot 4 + 4 \cdot 3 + 4 \cdot 0 = 16,$$
$$\pi(\text{Bob}) = 1 \cdot 3 + 7 \cdot 2 + 1 \cdot 1 = 18,$$
$$\pi(\text{Carol}) = 4 \cdot 4 + 1 \cdot 2 + 4 \cdot 0 = 18,$$
$$\pi(\text{Dave}) = 4 \cdot 3 + 1 \cdot 2 + 4 \cdot 1 = 18,$$
$$\pi(\text{Emma}) = 4 \cdot 4 + 4 \cdot 1 + 1 \cdot 0 = 20,$$

also die eindeutige Siegerin Emma (und bei diesem Verfahren belegt die Copeland-Siegerin Alice den letzten Platz).

2.6 Das Verfahren von Schulze

Die Verfahren des vorigen Abschnitts beruhen auf der Auswertung der Majoritätsrelation, d. h. sie untersuchen für jedes Paar (a_j, a_k) von Alternativen, welche dieser beiden Alternativen bei der Mehrheit der Kriterien besser abschneidet. Sie berücksichtigen jedoch nicht, ob ein solcher Vergleich nur knapp oder sehr deutlich ausgeht. Dass diese Information nicht genutzt wird, kann als Schwachpunkt der Methoden aus Abschn. 2.5 gesehen werden. Wir wollen daher nun noch ein weiteres Entscheidungsverfahren vorstellen, dass diesen Mangel nicht aufweist. Das Verfahren wurde im Jahr 1997 vom deutschen Mathematiker Markus Schulze entwickelt; eine umfassende Beschreibung der Eigenschaften der Methode gibt Schulze in [4].

Zur Herleitung des Verfahrens bietet es sich an, auf die aus Abschn. 2.5 bekannte graphentheoretische Darstellung der Majoritätsrelation zurückzugreifen.

Beispiel 2.34 Für eine Situation mit vier Alternativen und 21 Kriterien betrachten wir das Profil P mit

Kriterien	Prioritätenliste
1 bis 8	(a_1, a_3, a_4, a_2)
9 und 10	(a_2, a_1, a_4, a_3)
11 bis 14	(a_3, a_4, a_2, a_1)
15 bis 18	(a_4, a_2, a_1, a_3)
19 bis 21	(a_4, a_3, a_2, a_1)

Dieses Profil liefert uns die Majoritätsrelation $M(P) = \{(a_2, a_1), (a_1, a_3), (a_4, a_1),$ $(a_3, a_2), (a_4, a_2), (a_3, a_4)\}$. Der zugehörige Graph hat die folgende Form:

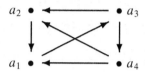

Für die von Schulze vorgeschlagene Erweiterung des Ansatzes notieren wir nun zu jeder Kante des Graphen, die von einer Alternative a^* zu einer anderen Alternative a' zeigt, zusätzlich noch den Wert $\Pi(P, (a^*, a'))$, also die Anzahl der Kriterien, bezüglich derer a^* (der Sieger des direkten Vergleichs) besser bewertet wird als der Verlierer a'.

Beispiel 2.35 Im Fall von Beispiel 2.34 führt dies auf den Graphen

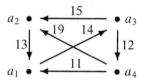

Zur Analyse eines solchen Graphen benötigen wir nun verschiedene Begriffe.

Definition 2.28 Sei G der Graph zur Majoritätsrelation $M(P)$ des Profils P.

(a) Wenn es in G eine Kante von a^* nach a' gibt, dann heißt $\Pi(P, (a^*, a'))$ das *Gewicht* dieser Kante.

(b) Wenn a^* und a' zwei voneinander verschiedene Alternativen sind, so ist ein *Weg* von a^* nach a' in G eine endliche Folge $(a_1, a_2, \ldots, a_N)$ von Alternativen mit $a_1 = a^*$, $a_N = a'$ und der Eigenschaft, dass G für jedes $j = 1, 2, \ldots, N-1$ eine Kante enthält, die von a_j nach a_{j+1} läuft.

(c) Das *Gewicht* eines Weges ist das Minimum der Gewichte der zum Weg gehörigen Kanten.

(d) Die *Stärke* $p(a^*, a')$ der Alternative a^* im Vergleich mit der Alternative $a' \neq a^*$ ist das Maximum der Gewichte aller Wege von a^* nach a'. Wenn es keinen Weg von a^* nach a' gibt, so setzen wir $p(a^*, a') = 0$.

Beispiel 2.36 Für das Profil P aus Beispiel 2.34 erkennen wir mithilfe des Graphen aus Beispiel 2.35 die folgenden Stärken:

$$p(a_1, a_2) = 14, \quad p(a_1, a_3) = 14, \quad p(a_1, a_4) = 12,$$
$$p(a_2, a_1) = 13, \quad p(a_2, a_3) = 13, \quad p(a_2, a_4) = 12,$$
$$p(a_3, a_1) = 13, \quad p(a_3, a_2) = 15, \quad p(a_3, a_4) = 12,$$
$$p(a_4, a_1) = 13, \quad p(a_4, a_2) = 19, \quad p(a_4, a_3) = 13.$$

Definition 2.29 Eine Alternative a^* heißt *besser im Sinne von Schulze* als die Alternative a', wenn $p(a^*, a') > p(a', a^*)$ gilt. In diesem Fall schreiben wir kurz $a^* >^S a'$.

Lemma 2.17 *Die Relation $>^S$ ist asymmetrisch und transitiv.*

Beweis Die Asymmetrie ist unmittelbar evident, denn es kann nicht gleichzeitig $p(a^*, a') > p(a', a^*)$ und die umgekehrte Ungleichung gelten.

Für den Nachweis der Transitivität sei $a^* >^S a'$ und $a' >^S \tilde{a}$. Dann existiert ein Weg $W_1 = (a^*, a_2, \ldots, a_{N-1}, a')$ von a^* nach a', dessen Gewicht $p_1 := p(a^*, a')$ ist, und jeder Weg von a' nach a^* hat ein kleineres Gewicht als p_1. Ebenso existiert ein Weg $W_2 = (a', a_{N+1}, \ldots, a_{N+M-1}, \tilde{a})$ von a' nach $\tilde{a}$, dessen Gewicht $p_2 := p(a', \tilde{a})$ ist, und jeder Weg von $\tilde{a}$ nach a' hat ein kleineres Gewicht als p_2. Folglich ist $W_3 = (a^*, a_2, \ldots, a_{N-1}, a', a_{N+1}, \ldots, a_{N+M-1}, \tilde{a})$ ein Weg von a^* nach $\tilde{a}$, und das Gewicht dieses Weges ist $p_3 := \min\{p_1, p_2\}$. Wir wollen nun zeigen, dass es keinen Weg von $\tilde{a}$ nach a^* gibt, dessen Gewicht größer als oder gleich p_3 ist. Wenn es einen solchen Weg nicht gibt, dann folgt sofort $p(a^*, \tilde{a}) \geq p_3 > p(\tilde{a}, a^*)$ und somit die geforderte Eigenschaft $a^* >^S \tilde{a}$.

Den Beweis führen wir indirekt, d. h. wir nehmen an, dass es einen Weg W_4 von $\tilde{a}$ nach a^* gibt, dessen Gewicht mindestens p_3 ist, und konstruieren aus dieser Annahme einen Widerspruch.

Hierzu betrachten wir zunächst den Fall $p_1 \leq p_2$. In diesem Fall ist $p_3 = p_1$ das Gewicht unseres oben genannten Weges W_3 von a^* nach $\tilde{a}$. Dann können wir den Weg W_4 an den Weg W_2 „anhängen" und bekommen somit einen Weg von a' über $\tilde{a}$ nach a^*. Das Gewicht dieses zusammengefügten Weges ist das Minimum der Gewichte von W_2 und W_4. Da sowohl W_2 als auch W_4 ein Gewicht haben, das mindestens p_1 beträgt, hat auch der zusammengesetzte Weg mindestens das Gewicht p_1, und daher ist $p(a', a^*) \geq p_1$. Wir hatten aber oben bereits beobachtet, dass es einen Weg mit dieser Eigenschaft nicht geben kann. Somit ist der gewünschte Widerspruch erreicht.

Im verbleibenden Fall $p_1 > p_2$ können wir ähnlich vorgehen. Hier ist $p_3 = p_2$ das Gewicht des Weges W_3. Wir hängen nun den Weg W_1 an W_4 an und erhalten einen Weg von $\tilde{a}$ über a^* nach a'. Da jeder der beiden Teilwege dieses zusammengesetzten Weges mindestens das Gewicht p_2 hat, hat auch der Gesamtweg mindestens dieses Gewicht, also ist $p(\tilde{a}, a') \geq p_2$. Auch diese Aussage steht im Widerspruch zu unserer obigen Beobachtung.   □

Satz 2.18 *Es existiert stets mindestens eine Alternative a^* mit der Eigenschaft, dass für alle $a' \in A \setminus \{a^*\}$ die Aussage $p(a^*, a') \geq p(a', a^*)$ gilt.*

Beweis Dies folgt aus Lemma 2.17 in Verbindung mit Lemma 2.2.   □

Wegen Satz 2.18 ist die folgende Definition sinnvoll.

Definition 2.30 Das *Entscheidungsverfahren von Schulze* ist definiert durch $C^{\text{Schu}}(P) := \{a^* \in A : p(a^*, a') \geq p(a', a^*) \text{ für alle } a' \neq a^*\}$.

Bemerkung 2.14 Lemma 2.17 besagt sogar, dass das Konstruktionsprinzip von Schulze unmittelbar zu einem Ranglistenverfahren führt.

Beispiel 2.37 Setzen wir unsere Überlegungen aus Beispiel 2.36 fort, so kommen wir zunächst zum Ergebnis

$$a_4 >^{\text{S}} a_1, \quad a_4 >^{\text{S}} a_2, \quad a_4 >^{\text{S}} a_3,$$
$$a_1 >^{\text{S}} a_2, \quad a_1 >^{\text{S}} a_3, \quad a_3 >^{\text{S}} a_2.$$

Somit ist $C^{\text{Schu}}(P) = \{a_4\}$ (und a_1 ist Zweitplatzierter, a_3 belegt den dritten und a_2 den letzten Platz).

Bemerkung 2.15 Wir können auf das Profil P aus Beispiel 2.34 auch die anderen vorgestellten Verfahren anwenden. Dies führt auf folgende Ergebnisse:

- Das Borda-Verfahren liefert ebenfalls a_4 als einzigen Sieger, erklärt aber a_3 zum Zweit-, a_1 zum Dritt- und a_2 zum Letztplatzierten.
- Das Verfahren der einfachen Mehrheit ergibt $C^{\text{eM}}(P) = \{a_1\}$ und setzt a_4 auf den zweiten, a_3 auf den dritten und a_2 auf den letzten Platz.
- Beim Verfahren der einfachen Mehrheit mit Stichwahl gewinnt a_4.
- Das Verfahren von Hare lässt in der ersten Runde a_2 und in der zweiten Runde a_3 ausscheiden. In der letzten Runde setzt sich wieder a_4 als Sieger durch.
- Das Copeland-Verfahren ergibt $C^{\text{Cop}}(P) = \{a_3, a_4\}$.
- Die Verfahren von Good und Schwartz liefern die Siegermenge $\{a_1, a_2, a_3, a_4\}$.

Zusammenfassend kann man feststellen, dass das Schulze-Verfahren durch die Einbeziehung der Zusatzinformation, wie deutlich einzelne Alternativen einen direkten Vergleich gegen andere Alternativen gewinnen, genauer zwischen den Alternativen differenzieren kann. Daher treten zwei- oder mehrelementige Siegermengen beim Schulze-Verfahren erheblich seltener auf als bei solchen Verfahren, die nur auf die Majoritätsrelation zurückgreifen.

Bemerkung 2.16 Zahlreiche Organisationen nutzen das Verfahren von Schulze in der Praxis, um ihre Mitglieder Entscheidungen treffen zu lassen. Hierzu gehören verschiedenste politische Parteien (Piratenpartei, Alternative für Deutschland) ebenso wie diverse Communities aus dem Umfeld der Informatik (Wikimedia Foundation, Debian, Ubuntu usw.).

2.7 Ansätze auf der Basis geometrischer Konzepte

Zum Abschluss dieses Kapitels betrachten wir noch ein konkretes Entscheidungsproblem, das in natürlicher Weise eine geometrische Struktur aufweist. Die Aufgabe besitzt nicht die aus Definition 2.2 bekannte Form; insbesondere haben wir keine Prioritätenlisten. Trotzdem können wir einen zur Struktur des Problems passenden Lösungsweg finden, von dem wir unten sehen werden, dass er sich auf Probleme der bisher behandelten Form übertragen lässt.

Beispiel 2.38 Ein aus fünf Abteilungen bestehendes Unternehmen möchte an einen neuen Standort umziehen. Jede Abteilung überlegt sich, welcher Standort für sie optimal wäre. Die Vorschläge mit Koordinaten $(2, 10)$, $(5, 2)$, $(5, 5)$, $(9, 6)$ und $(11, 9)$ sind in Abb. 2.2 dargestellt. Wo soll sich die Firma ansiedeln?

Ein günstiger Standort sollte möglichst nahe an den vorgeschlagenen Positionen liegen. Um einen solchen Punkt zu finden, müssen wir ausnutzen, dass die Geometrie uns eine Möglichkeit gibt, den Abstand zwischen zwei Orten zu messen. In der Sprache der Mathematik ausgedrückt bewegen wir uns also in einem metrischen Raum, d. h. wir haben eine Grundmenge V (die Menge der zulässigen Positionen; im einfachsten Fall die komplette Ebene) und eine Funktion d, die sog. *Metrik*, die zu je zwei beliebig gewählten Punkten deren Abstand angibt.

Zur Bestimmung des optimalen Standorts benötigen wir dann einige abstrakte Begriffe, die wir auf unsere konkrete Situation anwenden wollen.

Definition 2.31 Sei $U := \{x_1, x_2, \ldots, x_n\}$ eine endliche Teilmenge eines metrischen Raums (V, d).

(a) Ein Punkt $y \in V$ heißt *Tschebyscheff-Zentrum* von U, wenn

$$\max_{j=1,2,\ldots,n} d(y, x_j) = \min_{v \in V} \max_{j=1,2,\ldots,n} d(v, x_j).$$

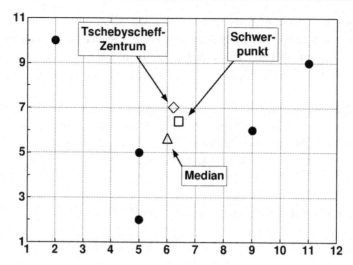

Abb. 2.2 Vorgeschlagene Standorte (*Kreise*), Median (*Dreieck*; Koordinaten: (6.01, 5.57)), Schwerpunkt (*Quadrat*; Koordinaten: (6.4, 6.4)) und Tschebyscheff-Zentrum (*Karo*; Koordinaten (6.22, 7.02)) zum Problem aus Beispiel 2.38

(b) Ein Punkt $\tilde{y} \in V$ heißt *Median* von U, wenn

$$\sum_{j=1}^{n} d(\tilde{y}, x_j) = \min_{v \in V} \sum_{j=1}^{n} d(v, x_j).$$

(c) Ein Punkt $y^* \in V$ heißt *Schwerpunkt* von U, wenn

$$\sum_{j=1}^{n} d^2(y^*, x_j) = \min_{v \in V} \sum_{j=1}^{n} d^2(v, x_j).$$

Das Tschebyscheff-Zentrum von U ist der Punkt, der den Abstand zum am weitesten entfernt liegenden Punkt von U minimiert. Ein Median (der nicht eindeutig sein muss) minimiert die Summe der Abstände zu allen Punkten von U, und der Schwerpunkt minimiert die Summe der Quadrate der Abstände. Alle drei Punkte können in gewisser Weise als Mittelwerte der Elemente von U betrachtet werden. Die für unser Beispiel aus diesen Konzepten entstehenden „Kompromissvorschläge" sind ebenfalls in Abb. 2.2 dargestellt.

Analog zu diesen Überlegungen wollen wir nun für einen allgemeinen Entscheidungsprozess im Sinne von Definition 2.2 versuchen, die hier beobachtete geometrische Struktur zu übertragen. Dabei werden die zum Entscheidungsprozess gehörigen Prioritätenlisten die Rolle der Standorte übernehmen. Die Idee dabei ist,

1. einen Abstand zwischen Prioritätenlisten zu definieren,
2. eine Prioritätenliste zu finden, die im Sinne dieses Abstandsbegriffs „besonders nahe" an den Prioritätenlisten des gegebenen Profils liegt,
3. das erste Element dieser Prioritätenliste zum Sieger zu bestimmen.

Der Hintergrund zu Punkt 2 ist, dass die hier gefundene Prioritätenliste in gewisser Weise allen Kriterien so gut wie eben möglich gerecht wird, so dass sie zu einem sinnvollen „Kompromiss" führt.

Definition 2.32 U_1 und U_2 seien Mengen. Mit $U_1 \triangle U_2 := (U_1 \cup U_2) \setminus (U_1 \cap U_2)$ bezeichnen wir die *symmetrische Differenz* von U_1 und U_2.

Bemerkung 2.17 $U_1 \triangle U_2$ enthält genau die Elemente, die zu genau einer der beiden Mengen U_1 und U_2 gehören.

Lemma 2.19 *Mit* $d(U_1, U_2) := |U_1 \triangle U_2|$ *können wir eine Metrik im System aller endlichen Mengen definieren.*

Beweis Eine Metrik zeichnet sich durch drei grundlegende Eigenschaften aus:

- Symmetrie: Die Symmetrieeigenschaft $d(U_1, U_2) = d(U_2, U_1)$ besagt anschaulich formuliert, dass der Weg von U_1 nach U_2 genauso lang ist wie der Weg von U_2 nach U_1. Für unseren Fall folgt dies unmittelbar aus Bemerkung 2.17.
- Definitheit: Der Abstand zwischen zwei Objekten darf nie negativ sein (dies ist aus der Definition klar), und er muss genau dann den Wert 0 haben, wenn die beiden Objekte gleich sind (dies ergibt sich wiederum aus Bemerkung 2.17).
- Dreiecksungleichung: Der Abstand von einem Objekt zu einem anderen (also die Länge des direkten Weges) darf nie länger sein als die Summe des Abstands vom ersten der beiden Objekte zu einem beliebigen dritten Objekt und des Abstands von diesem dritten zum zweiten Objekt (d. h. die Länge des Weges vom ersten über das dritte zum zweiten Objekt). Auch diese Eigenschaft kann man aus Bemerkung 2.17 herleiten. $\square$

Da auch eine Relation eine Menge ist, können wir diesen Abstandsbegriff auf Relationen, insbesondere auf Ordnungen, anwenden. Damit ist es auch möglich, die auf der Existenz eines Abstandsbegriffs beruhenden Konzepte der Definition 2.31 auf Ordnungen (und somit auch auf Prioritätenlisten) anzuwenden.

Beispiel 2.39 Wir haben ein Profil P mit den Prioritätenlisten $p_1 = (a_1, a_2, a_3)$ und $p_2 = (a_2, a_1, a_3)$ und zugehörigen Ordnungen $\succ_1 = \{(a_1, a_2), (a_2, a_3), (a_1, a_3)\}$ und $\succ_2 = \{(a_2, a_1), (a_2, a_3), (a_1, a_3)\}$. Der Abstand der Ordnungen $\succ_1$ und $\succ_2$ ist dann

$$d(\succ_1, \succ_2) = |\succ_1 \triangle \succ_2| = |\{(a_1, a_2), (a_2, a_1)\}| = 2.$$

Beispiel 2.40 Mit den nun zur Verfügung stehenden Mitteln können wir uns das *Kemeny-Entscheidungsverfahren* C^{Kem} auf folgende Weise konstruieren: Gegeben sei ein Profil P mit Prioritätenlisten $p_1, p_2, \ldots, p_n$ bzw. zugehörigen Ordnungen $\succ_1, \succ_2, \ldots, \succ_n$. Dann bestimmen wir gemäß obigen Definitionen die Mediane $\mu_1, \mu_2, \ldots, \mu_k$ zu $\succ_1, \succ_2, \ldots, \succ_n$ aus der Menge der strikten Ordnungen über A. Diese Mediane können wir wieder als

Prioritätenlisten interpretieren, also in die Menge $\mathcal{O}(A)$ einbetten. Als Sieger unseres Entscheidungsverfahrens betrachten wir dann die ersten Elemente von $\mu_1, \mu_2, \ldots, \mu_k$.

Beispiel 2.41 Wir betrachten das Profil P mit

Kriterien	Prioritätenliste
$1, 2, \ldots, n_1$	(a_1, a_2, a_3)
$n_1 + 1, n_1 + 2, \ldots, n_1 + n_2$	(a_3, a_1, a_2)

Sechs Prioritätenlisten sind möglich. Für jede dieser Listen bestimmen wir den Abstand zu den beiden Listen, die im Profil P vorkommen. Beispielsweise gilt

$$d((a_1, a_2, a_3), (a_2, a_3, a_1)) = 4,$$

denn die zugehörigen Relationen lauten

$$\{(a_1, a_2), (a_2, a_3), (a_1, a_3)\} \quad \text{bzw.} \quad \{(a_2, a_3), (a_2, a_1), (a_3, a_1)\},$$

und offenbar gibt es genau vier Paare von Alternativen, die in genau einer dieser beiden Mengen vorkommen, nämlich $(a_1, a_2), (a_2, a_1), (a_1, a_3)$ und (a_3, a_1). Analog erkennt man

$$d((a_1, a_2, a_3), (a_1, a_2, a_3)) = 0, \quad d((a_1, a_2, a_3), (a_1, a_3, a_2)) = 2,$$
$$d((a_1, a_2, a_3), (a_3, a_2, a_1)) = 6, \quad d((a_1, a_2, a_3), (a_3, a_1, a_2)) = 4,$$
$$d((a_1, a_2, a_3), (a_2, a_1, a_3)) = 2$$

sowie

$$d((a_3, a_1, a_2), (a_1, a_2, a_3)) = 4, \quad d((a_3, a_1, a_2), (a_1, a_3, a_2)) = 2,$$
$$d((a_3, a_1, a_2), (a_3, a_2, a_1)) = 2, \quad d((a_3, a_1, a_2), (a_3, a_1, a_2)) = 0,$$
$$d((a_3, a_1, a_2), (a_2, a_1, a_3)) = 6, \quad d((a_3, a_1, a_2), (a_2, a_3, a_1)) = 4.$$

Mit diesen Informationen können wir berechnen, welche Prioritätenlisten Mediane für unser Profil sind. Hierzu müssen wir nach Definition des Medians für jedes $y \in \mathcal{O}(A)$ die Summe der Abstände zu den Elementen des Profils, also die Ausdrücke

$$\sum_{j=1}^{n_1+n_2} d(y, p_j) = n_1 d(y, (a_1, a_2, a_3)) + n_2 d(y, (a_3, a_1, a_2)),$$

berechnen und diejenigen y finden, für die die Summe minimal ist. In unserem Fall ergibt sich:

y	Summe	y	Summe
(a_1, a_2, a_3)	$0n_1 + 4n_2$	(a_2, a_3, a_1)	$4n_1 + 4n_2$
(a_1, a_3, a_2)	$2n_1 + 2n_2$	(a_3, a_1, a_2)	$4n_1 + 0n_2$
(a_2, a_1, a_3)	$2n_1 + 6n_2$	(a_3, a_2, a_1)	$6n_1 + 2n_2$

Man erkennt, dass (a_3, a_2, a_1) nicht Median sein kann, denn hierfür ergibt sich die Summe $6n_1 + 2n_2$, die immer größer als die sich für (a_3, a_1, a_2) ergebende Summe $4n_1 + 0n_2$ und somit nicht minimal ist. Analog sieht man, dass (a_2, a_1, a_3) und (a_2, a_3, a_1) keine Mediane sein können. Als Kandidaten verbleiben somit (a_3, a_1, a_2), (a_1, a_2, a_3) und (a_1, a_3, a_2). Welche der zugehörigen Summen $4n_1$, $4n_2$ bzw. $2n_1 + 2n_2$ tatsächlich minimal ist, hängt von der Größe der Zahlen n_1 und n_2 ab; offenbar gilt:

- Für $n_1 > n_2$ ist $4n_2$ die minimale Summe. Somit ist die Prioritätenliste (a_1, a_2, a_3) einziger Median und ihr erstes Element ist Sieger, d. h. $C^{\text{Kem}}(P) = \{a_1\}$.
- Für $n_1 < n_2$ ist $4n_1$ die minimale Summe und somit (a_3, a_1, a_2) einziger Median, d. h. $C^{\text{Kem}}(P) = \{a_3\}$.
- Für $n_1 = n_2$ sind alle drei Summen gleich groß. Daher sind alle drei verbliebenen Prioritätenlisten Mediane, und zu Siegern werden demnach die ersten Elemente der Prioritätenlisten (a_3, a_1, a_2), (a_1, a_2, a_3) und (a_1, a_3, a_2), also a_3 und a_1, erklärt. Folglich ist $C^{\text{Kem}}(P) = \{a_1, a_3\}$. Die Tatsache, dass a_1 erstes Element in zwei Medianen ist und a_3 nur in einem Median an erster Stelle steht, spielt keine Rolle; beide Alternativen sind in gleichem Maße Sieger im Sinne von Kemeny.

Bemerkung 2.18 Das Kemeny-Verfahren erfüllt das Postulat von Smith.

Die Überlegungen aus Beispiel 2.41 lassen sich in analoger Form auf jedes Profil mit einer beliebigen Anzahl von Kriterien und Alternativen übertragen. Die dabei durchzuführenden Rechnungen sind nicht schwierig, aber (besonders bei größerer Anzahl der Alternativen) sehr langwierig. Dies liegt insbesondere daran, dass wir zur Berechnung der Summe $\sum_{k=1}^{n} d(y, p_k)$ auf den offensichtlich naheliegenden Weg der Berechnung jedes einzelnen Summanden zurückgreifen. Tatsächlich sind die einzelnen Summanden aber für unseren Zweck vollkommen unwichtig; benötigt wird nur die Gesamtsumme. Daher ist das folgende Ergebnis relevant. Es stellt einen Zusammenhang zwischen dem Konzept des Medians und unserem Abstandsbegriff her, der uns gestattet, die Summe auf eine wesentlich einfachere Art zu berechnen.

Lemma 2.20 *Sei* $P = (p_1, p_2, \ldots, p_n)$ *ein Profil über der Alternativenmenge* $A = \{a_1, a_2, \ldots, a_q\}$ *und* $\tilde{p}$ *eine asymmetrische Relation über* A. *Dann gilt*

$$\sum_{k=1}^{n} d(\tilde{p}, p_k) = 2 \sum_{(i,j):(a_i, a_j) \notin \tilde{p}} \Pi(P, (a_i, a_j)).$$

Beweis Nach Definition des Abstands ist

$$d(\tilde{p}, p_k) = \sum_{(i,j):(a_i,a_j)\notin\tilde{p},(a_i,a_j)\in p_k} 1 + \sum_{(i,j):(a_i,a_j)\in\tilde{p},(a_i,a_j)\notin p_k} 1 = 2 \sum_{(i,j):(a_i,a_j)\in\tilde{p},(a_i,a_j)\notin p_k} 1,$$

denn $\tilde{p}$ ist nach Voraussetzung asymmetrisch und alle p_k sind dies nach Konstruktion; daher sind beide Summen im mittleren Teil der Gleichungskette gleich groß. Summieren wir nun über alle k auf, so ergibt sich die Behauptung.   □

Zur Verdeutlichung dieser Aussage betrachten wir ein Beispiel.

Beispiel 2.42 Beim Profil P aus Beispiel 2.41 erhalten wir für die Relation $\tilde{p} = \{(a_2,a_1),(a_2,a_3),(a_3,a_1)\}$, die der Prioritätenliste (a_2,a_3,a_1) entspricht, nach den obigen Ergebnissen die Summe $4n_1 + 4n_2$. Das Berechnungsverfahren von Lemma 2.20 ergibt hierfür

$$2 \sum_{(i,j):(a_i,a_j)\notin\tilde{p}} \Pi(P, (a_i, a_j)),$$

wobei nach Wahl von $\tilde{p}$ die Summe über die Paare $(i, j) \in \{(1, 2), (3, 2), (1, 3)\}$ läuft. Daher liefert Lemma 2.20 das gewünschte Ergebnis

$$2\Big(\underbrace{\Pi(P, (a_1, a_2))}_{=n_1+n_2} + \underbrace{\Pi(P, (a_3, a_2))}_{=n_2} + \underbrace{\Pi(P, (a_1, a_3))}_{=n_1} \Big) = 4n_1 + 4n_2.$$

Für die anderen in Definition 2.31 genannten Mittelwertskonzepte (Schwerpunkt und Tschebyscheff-Zentrum) liegen mit Lemma 2.20 vergleichbare Resultate, die zu ähnlichen Vereinfachungen führen könnten, nicht vor. Diese Tatsache erklärt, dass man bei der Verwendung von Entscheidungsverfahren, die auf den hier betrachteten Ideen beruhen, den Median gegenüber den beiden anderen Konzepten bevorzugt.

Literatur

1. Copeland, A. H.: A "Reasonable" Social Welfare Function. Seminar on Mathematics in Social Sciences, University of Michigan (1951)

2. Saari, D. G.: The Ultimate of Chaos Resulting from Weighted Voting Systems. Adv. Appl. Math. **5**, 286–308 (1984)

3. Saari, D. G.: Millions of Election Rankings from a Single Profile. Social Choice and Welfare **9**, 277–306 (1992)

4. Schulze, M.: A New Monotonic, Clone-independent, Reversal Symmetric, and Condorcet-consistent Single-winner Election Method. Social Choice and Welfare **36**, 267–303 (2011)

5. Smith, J. H.: Aggregation of Preferences with Variable Electorates. Econometrica **41**, 1027–1041 (1973)

Beurteilungskriterien für Entscheidungsverfahren 3

Zusammenfassung

In diesem Kapitel werden (erwünschte und unerwünschte) Eigenschaften von Entscheidungsverfahren vorgestellt und die wichtigsten Entscheidungsverfahren werden daraufhin untersucht, welche dieser Eigenschaften sie haben. Außerdem wird analysiert, welche Kombinationen von Eigenschaften prinzipiell möglich sind und welche nicht.

Nachdem wir uns ausführlich mit Methoden befasst haben, die zur Konstruktion von Entscheidungsverfahren benutzt werden können, wollen wir uns jetzt der Frage zuwenden, welche Eigenschaften solche Verfahren haben. Dabei werden wir sowohl erwünschte als auch unerwünschte Eigenschaften kennenlernen. Das Wissen über solche Eigenschaften soll letztendlich zu einer Beurteilung führen, ob der Einsatz eines konkreten Verfahrens sinnvoll ist oder nicht. Bei dieser Untersuchung werden wir zur Illustration der Eigenschaften vielfach beispielhaft auf die Entscheidungsverfahren des vorigen Kapitels zurückgreifen.

Eine systematische Studie der meisten der hier betrachteten und einiger anderer Kriterien findet sich z. B. bei Richelson [6].

3.1 Fundamentale Eigenschaften

Die ersten Begriffe, die wir in diesem Zusammenhang einführen, enthalten Konzepte, die zum Beispiel bei politischen Wahlen vielfach als selbstverständlich angenommen werden, die aber in anderen Entscheidungsszenarien nicht unbedingt gegeben sein müssen: Wir wollen die Eigenschaft beschreiben, dass das Verfahren (a) alle Kandidaten oder (b) alle Wähler gleich behandelt.

© Springer-Verlag Berlin Heidelberg 2016
K. Diethelm, *Gemeinschaftliches Entscheiden*, Mathematik im Fokus,
DOI 10.1007/978-3-662-48780-8_3

Definition 3.1

(a) Ein Entscheidungsverfahren C heißt *neutral*, wenn für jede Permutation σ_A der Alternativenmenge A und jedes Profil $P = (p_1, p_2, \ldots, p_n)$ die Aussage $C(\sigma_A(p_1), \sigma_A(p_2), \ldots, \sigma_A(p_n)) = \sigma_A(C(p_1, p_2, \ldots, p_n))$ gilt.

(b) Ein Entscheidungsverfahren C heißt *symmetrisch*, wenn für jede Permutation σ_K der Menge $\{1, 2, \ldots, n\}$ der Kriterien und jedes Profil $P = (p_1, p_2, \ldots, p_n)$ die Aussage $C(p_1, p_2, \ldots, p_n) = C(p_{\sigma_K(1)}, p_{\sigma_K(2)}, \ldots, p_{\sigma_K(n)})$ gilt.

(c) Ein Entscheidungsverfahren heißt *demokratisch*, wenn es sowohl neutral als auch symmetrisch ist.

Bemerkung 3.1 Neutralität bedeutet, dass eine Änderung der Reihenfolge der Alternativen (Kandidaten) auf dem Wahlzettel zu einer entsprechenden Änderung der Siegermenge führt. Wenn vor der Änderung der vierte Kandidat also einer der Wahlsieger war und dieser Kandidat durch die Umsortierung auf die siebte Position der Wahlliste rutscht, ist nach der Änderung der siebte Kandidat Wahlsieger, so dass sich die Siegermenge faktisch nicht ändert. Bei einem neutralen Verfahren sind folglich alle Alternativen (Kandidaten) gleichberechtigt.

Entsprechend sind bei einem symmetrischen Verfahren alle Kriterien (Wähler) gleichberechtigt, denn eine Änderung der Reihenfolge der Wähler im Wählerverzeichnis ändert am Ergebnis des Entscheidungsprozesses nichts. Aus diesem Grund werden symmetrische Verfahren in der Literatur gelegentlich (z. B. bei Young [9] oder bei Hodge und Klima [3]) auch *anonym* genannt; wenn diese Terminologie genutzt wird, bezeichnen die entsprechenden Autoren ein demokratisches Verfahren oft als *symmetrisch*. Daher ist beim Auftreten des Begriffs der Symmetrie stets sorgfältig zu prüfen, welcher Sinn gemeint ist.

Beispiel 3.1 Wir betrachten das Profil P mit

Kriterien	Prioritätenliste
1	$p_1 = (a_1, a_2, a_3)$
2	$p_2 = (a_2, a_1, a_3)$

Die Permutation

$$\sigma_A = \begin{pmatrix} a_1 & a_2 & a_3 \\ a_2 & a_1 & a_3 \end{pmatrix}$$

der Alternativenmenge überführt die Prioritätenliste p_1 in p_2 und umgekehrt, d. h. es ist $\sigma_A(p_1) = p_2$ und $\sigma_A(p_2) = p_1$. Die Neutralität eines Entscheidungsverfahrens C impliziert dann $C((\sigma_A(p_1), \sigma_A(p_2))) = \sigma_A(C((p_1, p_2)))$, und aus der Symmetrie folgt $C((p_1, p_2)) = C((p_2, p_1))$. Für ein demokratisches Verfahren bekommen wir daher

$$C((p_1, p_2)) = C((p_2, p_1)) = C((\sigma_A(p_1), \sigma_A(p_2))) = \sigma_A(C((p_1, p_2))).$$

Die Siegermenge eines demokratischen Entscheidungsverfahrens muss also unter der Permutation σ_A fix bleiben. Die einzigen Mengen, die diese Eigenschaft haben und die somit als potentielle Siegermengen infrage kommen, sind $\{a_3\}$, $\{a_1, a_2\}$ und $\{a_1, a_2, a_3\}$.

Beispiel 3.2 In Beispiel 1.10 hatten wir das Verfahren der einfachen Mehrheit mit Entscheidung durch einen Vorsitzenden bei Stimmengleichheit kennengelernt. Dieses Verfahren ist nicht symmetrisch, denn der Vorsitzende ist gegenüber den anderen Wählern bevorrechtigt: Wenn wir uns das dortige Profil ansehen, wird Kandidat Lothar die Wahl gewinnen. Vertauschen wir jedoch die Wähler Victor und Brigitte gegeneinander (ernennen also Brigitte zur Vorsitzenden und Victor zum Beisitzer), so gewinnt Kandidat Berti die Wahl.

Beispiel 3.3 Ein Beispiel für ein nicht neutrales Entscheidungsverfahren liefert der Modus, nach dem alle zwei Jahre der Ryder Cup der Golfspieler ausgetragen wird. Hier treten zwei Teams (Europa und USA) gegeneinander an. Die Spieler der Mannschaften spielen insgesamt 28 Partien gegeneinander. Manche Partien enden unentschieden; diese werden für die Ergebnisfindung nicht berücksichtigt. Die restlichen Partien bilden die n Kriterien, auf deren Basis dann der Sieger ermittelt wird. Das Verfahren ist dabei das Verfahren der einfachen Mehrheit mit der Modifikation, dass bei Stimmengleichheit der Sieger des vorherigen Turniers (also der Titelverteidiger) zum alleinigen Sieger erklärt wird. Hier sind also offensichtlich die beiden Teilnehmer nicht gleichberechtigt, denn der einen Mannschaft genügt ein Unentschieden, um den Pokal zu gewinnen, und für die andere reicht das nicht.

Lemma 3.1 *Sei C ein (n, n)-Entscheidungsverfahren. Für das Profil P mit*

Kriterien	Prioritätenliste
1	$(a_1, a_2, a_3, a_4, \ldots, a_n)$
2	$(a_2, a_3, a_4, \ldots, a_n, a_1)$
3	$(a_3, a_4, \ldots, a_n, a_1, a_2)$
$\vdots$	$\vdots$
n	$(a_n, a_1, a_2, \ldots, a_{n-1})$

gilt $C(P) = A$, wenn C demokratisch ist.

Beweis Wir betrachten die Permutationen

$$\sigma_K = \begin{pmatrix} 1 & 2 & 3 & \cdots & n-1 & n \\ 2 & 3 & 4 & \cdots & n & 1 \end{pmatrix} \quad \text{und} \quad \sigma_A = \begin{pmatrix} a_1 & a_2 & a_3 & \cdots & a_{n-1} & a_n \\ a_2 & a_3 & a_4 & \cdots & a_n & a_1 \end{pmatrix}$$

auf der Kriterienmenge $\{1, 2, \ldots, n\}$ bzw. der Alternativenmenge A. Die Anwendung von σ_A auf die Alternativenmenge ergibt das Profil $P' = \sigma_A(P)$ mit

Kriterien	Prioritätenliste
1	$(a_2, a_3, \ldots, a_n, a_1)$
2	$(a_3, a_4, \ldots, a_1, a_2)$
$\vdots$	$\vdots$
n	$(a_1, a_2, \ldots, a_n)$

Die Neutralität von C impliziert nun $C(P') = C(\sigma_A(P)) = \sigma_A(C(P))$. Andererseits führt die Anwendung der Permutation σ_K auf die Indizes der Kriterien ebenfalls auf das Profil P', d. h. es gilt auch $P' = (p_{\sigma_K(1)}, \ldots, p_{\sigma_K(n)})$, und daher liefert die Symmetrie von C die Aussage $C(P) = C(P')$. Insgesamt haben wir daher $C(P) = C(P') = \sigma_A(C(P))$. Die einzige nichtleere Teilmenge Z von A, die der Gleichung $Z = \sigma_A(Z)$ genügt, ist aber A selbst. Also folgt $C(P) = A$. □

Wir kommen zu einer weiteren unmittelbar einleuchtend erscheinenden Eigenschaft, die Entscheidungsverfahren haben können.

Definition 3.2 Ein (n, q)-Entscheidungsverfahren C genügt der *Pareto-Bedingung*, wenn für alle Profile P gilt: Existieren zwei verschiedene Alternativen $a', a^* \in A$ mit der Eigenschaft $\Pi(P, (a', a^*)) = 0$, so ist $a' \notin C(P)$.

In einem Profil P, in dem ein solches Paar von Alternativen existiert, heißt a' *Pareto-dominiert*.

Bemerkung 3.2 Die Pareto-Bedingung stellt sicher, dass eine Alternative a', die bezüglich *jedes* Kriteriums schlechter abschneidet als eine andere Alternative a^*, nicht zur Siegermenge gehören kann. Also hat diese Bedingung nur dann Auswirkungen, wenn alle Kriterien (Wähler) sich in bestimmten Fragen einig sind. Daher wird die Pareto-Bedingung oft auch als *Einstimmigkeitsbedingung* bezeichnet. Wichtig ist, dass die Bedingung nichts über die bessere der beiden Alternativen, also a^*, aussagt; insbesondere wird nicht verlangt, dass diese zur Siegermenge gehören soll. Dies wäre auch nicht sinnvoll, denn selbst wenn a^* eine Alternative a' im Sinne von Pareto dominieren würde, so könnte a^* andererseits selbst von einer dritten Alternative dominiert werden und somit aus der Siegermenge ausgeschlossen sein.

Beispiel 3.4 Für das Profil aus Beispiel 3.1 sehen wir, dass a_3 Pareto-dominiert ist und somit nicht zur Siegermenge gehören kann, wenn das Entscheidungsverfahren C die Pareto-Bedingung erfüllen soll. Fordern wir zusätzlich noch Demokratie, so ergibt sich zwingend $C(P) = \{a_1, a_2\}$.

Bemerkung 3.3 Das Verfahren der einfachen Mehrheit (mit und ohne Stichwahl) und das Verfahren von Hare genügen der Pareto-Bedingung. Dies erkennt man daran, dass hier nur Sieger werden kann, wer bezüglich mindestens eines Kriteriums auf dem ersten Platz steht; eine solche Alternative kann offensichtlich nicht Pareto-dominiert sein.

Strikte Punkte-Verfahren erfüllen ebenfalls die Pareto-Bedingung, denn eine Pareto-dominierte Alternative kann hierbei nie so viele Punkte erhalten wie die Alternative, von der sie dominiert wird.

Auch die Verfahren von Copeland und Kemeny genügen der Pareto-Bedingung.

Das nicht strikte $(1, 1, 0, 0, \ldots, 0)$-Punkte-Verfahren hingegen genügt der Pareto-Bedingung nicht, wie man mit dem Profil

Kriterien	Prioritätenliste
$1, 2, \ldots, n$	(Alice, Bob, Carol, Dave)

erkennt, bei dem Bob Pareto-dominiert ist, aber trotzdem zur Siegermenge gehört.

Beispiel 3.5 Im Profil P mit

Kriterien	Prioritätenliste
1	(Alice, Bob, Carol, Dave)
2	(Bob, Carol, Dave, Alice)
3	(Carol, Dave, Alice, Bob)

ist die Majoritätsrelation gegeben durch $M(P) = \{$(Alice, Bob), (Bob, Carol), (Carol, Alice), (Dave, Alice), (Bob, Dave), (Carol, Dave)$\}$. Die einzige $M(P)$-undominierte Menge ist A selbst, also ist $C^{\text{Swz}} = \{$Alice, Bob, Carol, Dave$\}$. Nach Satz 2.14 ist dann auch $C^{\text{Good}} = \{$Alice, Bob, Carol, Dave$\}$. Aber Dave ist offensichtlich Pareto-dominiert (durch Carol). Die Verfahren von Schwartz und Good erfüllen die Pareto-Bedingung also nicht.

Bemerkung 3.4 Das Schulze-Verfahren erfüllt die Pareto-Bedingung, wie man folgendermaßen erkennen kann:

Wenn die Alternative a' von a^* Pareto-dominiert wird, hat die Kante von a^* nach a' das Gewicht n. Wir müssen dann zeigen, dass a^* im Sinne von Schulze besser ist als a'; daraus folgt dann nach Konstruktion des Schulze-Verfahrens die gewünschte Eigenschaft $a' \notin C^{\text{Schu}}(P)$. Um dieses Ziel zu erreichen, müssen wir zeigen, dass es keinen Weg mit Gewicht (mindestens) n von a' nach a^* geben kann. Wenn es einen derartigen Weg gäbe, hätte jede Kante des Weges mindestens das Gewicht n. Da es nur n Kriterien gibt, kann es im Graphen des Schulze-Verfahrens keine Kante geben, deren Gewicht größer als n ist. Also müssen alle Kanten des Weges von a' nach a^* das Gewicht n haben. Wenn wir die Alternativen, die auf diesem Weg passiert werden, mit $a_1, a_2, \ldots, a_m$ bezeichnen, bedeutet das, dass bezüglich aller Kriterien a' besser ist als a_1, a_1 besser als a_2 usw., und a_m besser als a^*. Damit wird aber bezüglich jedes Kriteriums a' besser bewertet als a^*, was der Voraussetzung widerspricht, dass a' von a^* Pareto-dominiert wird. Also kann es einen solchen Weg tatsächlich nicht geben.

Bemerkung 3.5   Die Pareto-Bedingung lässt sich auch auf Ranglistenverfahren verallgemeinern: Ein Ranglistenverfahren R erfüllt die Pareto-Bedingung, wenn aus $\Pi(P, (a', a^*)) = 0$ stets $(a^*, a') \in R(P)$ folgt. Wenn die Alternative a^* bezüglich aller Kriterien also besser abschneidet als a', dann soll a^* auch in der Rangliste, die sich aus der gemeinschaftlichen Betrachtung aller Kriterien ergibt, besser als a' eingeordnet werden. Aus unseren obigen Überlegungen ergibt sich dann, dass z. B. die zu strikten Punkte-Verfahren gehörigen Ranglistenverfahren auch in diesem Sinne der Pareto-Bedingung genügen. Gleiches gilt für das Verfahren von Schulze.

Die bisher betrachteten Entscheidungsverfahren haben in vielen Beispielen eine Siegermenge geliefert, die mehr als ein Element enthält. Dieses Verhalten ist in manchen Situationen unerwünscht.

Definition 3.3   Ein Entscheidungsverfahren C heißt *einwertig*, wenn die Menge $C(P)$ für jedes Profil P nur ein Element enthält.

Sehr schnell stellt man fest, dass die drei bisher vorgebrachten Forderungen (Demokratie, Pareto-Bedingung und Einwertigkeit) in manchen Situationen nicht miteinander kombiniert werden können. Genau gesagt kann man erkennen, dass es von der Anzahl der Alternativen und der Anzahl der Kriterien abhängt, ob einwertige Entscheidungsverfahren existieren, die demokratisch sind und der Pareto-Bedingung genügen:

Satz 3.2   *Gegeben seien zwei natürliche Zahlen $n, q \geq 2$. Die folgenden Aussagen sind äquivalent:*

(a) Die Zahl n hat einen Primfaktor, der kleiner als oder gleich q ist.
(b) Es gibt kein demokratisches (n, q)-Entscheidungsverfahren, das der Pareto-Bedingung genügt und einwertig ist.

Beispiel 3.6   Für $q = 2$ folgt, dass genau für ungerade $n \geq 3$ demokratische und einwertige Verfahren existieren, die die Pareto-Bedingung erfüllen.

Für $q = 3$ existieren solche Verfahren genau dann, wenn n weder durch 2 noch durch 3 teilbar ist, d. h. für $n = 5, 7, 11, 13, 17, 19, 23, 25, 29, 31, 35, \ldots$

Beweis von Satz 3.2   Wenn n einen Primfaktor $r \leq q$ hat, dann gilt $1 < r \leq q$ und $n = rl$ mit einem $l \in \mathbb{N}$. Wir betrachten dann das Profil P mit

Kriterien	Prioritätenliste
$1, 2, \ldots, l$	$(a_1, a_2, \ldots, a_{r-1}, a_r, a_{r+1}, \ldots, a_q)$
$l + 1, \ldots, 2l$	$(a_2, a_3, \ldots, a_r, a_1, a_{r+1}, \ldots, a_q)$
$2l + 1, \ldots, 3l$	$(a_3, a_4, \ldots, a_1, a_2, a_{r+1}, \ldots, a_q)$
$\vdots$	$\vdots$
$(r - 1)l + 1, \ldots, rl$	$(a_r, a_1, \ldots, a_{r-2}, a_{r-1}, a_{r+1}, \ldots, a_q)$

Die Alternativen a_j mit $j \geq r + 1$ sind Pareto-dominiert, können also nicht zu $C(P)$ gehören. Wegen $C(P) \neq \emptyset$ muss also ein a_j mit $j \leq r$ in $C(P)$ enthalten sein. Wendet man nun die Permutation

$$\sigma_A = \begin{pmatrix} a_1 & a_2 & a_3 & \cdots & a_{r-1} & a_r & a_{r+1} & a_{r+2} & \cdots & a_q \\ a_2 & a_3 & a_4 & \cdots & a_r & a_1 & a_{r+1} & a_{r+2} & \cdots & a_q \end{pmatrix}$$

an und nutzt die Demokratie aus, so erkennt man, dass damit auch $a_{j+1}, a_{j+2}, \ldots, a_r$, $a_1, a_2, \ldots, a_{j-1} \in C(P)$ gelten muss. Damit kann das Verfahren nicht einwertig sein.

Besitzt n andererseits keinen solchen Primfaktor, so gibt es ein Verfahren, das alle Bedingungen erfüllt, nämlich das Hare-Verfahren. Seine Pareto-Eigenschaft kennen wir bereits aus Bemerkung 3.3. Dass dieses Verfahren demokratisch ist, folgt unmittelbar aus seiner Konstruktion. Es handelt sich um ein Eliminationsverfahren und endet nach s Schritten, wenn alle q_s verbliebenen Alternativen gleich viele Stimmen haben. Da insgesamt n Stimmen vergeben werden, muss q_s ein Teiler von n sein. Andererseits ist natürlich $q_s \leq q$, also hat n einen Teiler, der kleiner oder gleich q ist. Da n aber keinen Primteiler hat, der kleiner oder gleich q ist, muss $q_s = 1$ sein. Demnach ist das Verfahren für die hier betrachteten Werte von n und q einwertig. $\qquad\square$

Bemerkung 3.6 Es gibt auch für andere Kombinationen von n und q einwertige demokratische Verfahren, diese erfüllen jedoch die Pareto-Bedingung nicht. Für $n = 2$ und $q = 3$ können wir dafür ein Beispiel angeben:

- Wenn die Prioritätenlisten der beiden Kriterien übereinstimmen, wird die Alternative, die in beiden Listen auf Platz 1 steht, zum Sieger erklärt.
- Wenn die Prioritätenlisten nicht übereinstimmen, es jedoch eine Alternative gibt, die in beiden Prioritätenlisten auf dem gleichen Platz steht, so wird diese Alternative als Sieger festgelegt.
- Anderenfalls werden die zweiten Plätze der beiden Prioritätenlisten von zwei verschiedenen Alternativen belegt. Zum Sieger ernennen wir dann die übrigbleibende dritte Alternative.

Zur Beschreibung einer weiteren wichtigen Eigenschaft wird noch ein Begriff gebraucht.

Definition 3.4 Gegeben seien zwei Profile P und P' zur Alternativenmenge A mit Prioritätenlisten $(p_1, p_2, \ldots, p_n)$ bzw. $(p_1', p_2', \ldots, p_n')$ und ein $a^* \in A$. Das Profil P' geht durch *Verbesserung* von a^* aus P hervor, wenn folgendes gilt:

(a) $P_{|A \setminus \{a^*\}} = P'_{|A \setminus \{a^*\}}$,
(b) für alle $j = 1, 2, \ldots, n$ und alle $a \in A$ gilt: $(a^*, a) \in p_j \Rightarrow (a^*, a) \in p_j'$,
(c) $P \neq P'$.

Verbesserung von a^* bedeutet also,

(a) dass die relativen Platzierungen aller Alternativen außer a^* beim Übergang von P zu P' in allen Prioritätenlisten unverändert bleiben (es wird also keine Gruppe von Alternativen, zu der a^* nicht gehört, permutiert),

(b) dass a^* in keiner Prioritätenliste auf einen schlechteren Platz rutscht, und

(c) dass a^* in mindestens einer Prioritätenliste auf einen anderen (und wegen (b) damit zwangsläufig auf einen besseren) Platz kommt.

Wir können jetzt fordern, dass ein Entscheidungsverfahren sich „vernünftig" verhält, wenn eine Verbesserung einer bestimmten Alternative vorliegt:

Definition 3.5 Ein Entscheidungsverfahren C heißt *monoton*, wenn aus $a^* \in C(P)$ immer dann $a^* \in C(P')$ folgt, wenn das Profil P' durch Verbesserung von a^* aus dem Profil P hervorgeht. Es heißt *streng monoton*, wenn im Fall einer solchen Verbesserung aus $a^* \in C(P)$ sogar $\{a^*\} = C(P')$ folgt.

Bei einem monotonen Verfahren ist ein Wahlsieger nach seiner Verbesserung also immer noch Wahlsieger. Bei einem streng monotonen Verfahren ist er danach sogar einziger Wahlsieger. Zumindest die Monotonie scheint – ebenso wie die Pareto-Bedingung – eine naheliegende Anforderung zu sein.

Beispiel 3.7 Das Verfahren der einfachen Mehrheit ist monoton, denn ein Sieger, der sich verbessert, liegt nach der Verbesserung in mindestens genausovielen Prioritätenlisten auf dem ersten Platz wie vor der Verbesserung, während keine andere Alternative ihre Anzahl an ersten Plätzen erhöhen kann. Also bleibt ein Sieger nach einer Verbesserung immer noch Sieger. Strenge Monotonie liegt allerdings nicht vor, wie man am Profil P mit

Kriterien	Prioritätenliste
1	(Alice, Bob, Carol)
2	(Carol, Bob, Alice)

erkennt. Das Verfahren der einfachen Mehrheit ergibt hier die Siegermenge {Alice, Carol}. Das Profil P' mit

Kriterien	Prioritätenliste
1	(Alice, Bob, Carol)
2	(Carol, Alice, Bob)

ergibt sich aus P durch Verbesserung von Alice (in der Prioritätenliste von Kriterium 2), führt jedoch zur gleichen Siegermenge, d. h. Alice ist nach wie vor Siegerin, aber nicht einzige Siegerin.

Bemerkung 3.7 In Beispiel 1.7 hatten wir gesehen, dass das Verfahren der einfachen Mehrheit mit Stichwahl nicht monoton ist. Da sich das Hare-Verfahren in diesem Beispiel genauso verhält wie das Verfahren der einfachen Mehrheit mit Stichwahl, ist das Verfahren von Hare ebenfalls nicht monoton.

Andererseits ist jedes strikte Punkte-Verfahren offenbar streng monoton, denn ein Sieger, der sich in einem Profil verbessert, erhöht damit seine Punktzahl, während alle anderen Alternativen höchstens die vorherige Punktzahl behalten, so dass der Sieger nach der Verbesserung einziger Sieger sein muss.

Die Verfahren von Schwartz und Copeland sind monoton, aber nicht streng monoton.

Bemerkung 3.8 Auch das Verfahren von Schulze ist monoton, aber nicht streng monoton: Wenn ein Sieger a^* verbessert wird, erhält eine von diesem ausgehende Kante des Graphen ein höheres Gewicht oder eine zu a^* hinlaufende Kante erhält ein niedrigeres Gewicht. Dadurch bleibt die Stärke von a^* im Vergleich mit jeder anderen Alternative gleich oder wächst. Die Stärke jeder anderen Alternative kann höchstens im gleichen Maße wachsen, so dass a^* in der Schulze-Reihenfolge nicht überholt werden kann.

Für einwertige Verfahren gibt es keinen Unterschied zwischen Monotonie und strenger Monotonie:

Satz 3.3 *Ein einwertiges Entscheidungsverfahren ist genau dann monoton, wenn es streng monoton ist.*

Beweis Dass ein streng monotones Verfahren auch monoton ist, folgt unmittelbar aus der Definition dieser beiden Begriffe (auch dann, wenn das Verfahren nicht einwertig ist).

Um die strenge Monotonie eines einwertigen monotonen Verfahrens C zu beweisen, betrachten wir ein Profil P und ein $a' \in C(P)$ und stellen zunächst fest, dass a' wegen der Einwertigkeit eindeutig bestimmt ist. Dann konstruieren wir ein neues Profil P' aus P durch Verbesserung von a'. Für dieses Profil gilt wegen der Monotonie auch wieder $a' \in C(P')$, und wegen der Einwertigkeit folgt daraus sogar $C(P') = \{a'\}$. Damit ist die strenge Monotonie gezeigt. $\square$

Häufig wird eine weitere Eigenschaft des Entscheidungsverfahrens als wünschenswert angesehen.

Definition 3.6 Ein Entscheidungsverfahren C heißt *unabhängig von den irrelevanten Alternativen*, wenn für alle $a, \tilde{a} \in A$ und alle Profile P und P' mit $P_{|\{a,\tilde{a}\}} = P'_{|\{a,\tilde{a}\}}$ die Aussage

$$[a \in C(P) \text{ und } \tilde{a} \notin C(P)] \Rightarrow \tilde{a} \notin C(P')$$

gilt.

Solche Verfahren werden gelegentlich auch kurz als *unabhängige* Verfahren oder als *IIA-Verfahren* (*independent of irrelevant alternatives*) bezeichnet.

Bemerkung 3.9 Um den Begriff der Unabhängigkeit zu verdeutlichen, verwenden wir das in Beispiel 1.1 betrachtete Profil P aus der Gouverneurswahl von Minnesota, bei dem Jesse Ventura durch das Verfahren der einfachen Mehrheit zum einzigen Sieger bestimmt wird. Aus diesem Profil bilden wir das neue Profil P' dadurch, dass wir 3 % der Wähler ihre Meinung ändern lassen. Hierbei soll es sich ausschließlich um Wähler handeln, die Humphrey gewählt hatten, also Wähler, deren Prioritätenliste ursprünglich (Humphrey, Coleman, Ventura) war. Diese Wähler sollen nunmehr ihre Meinung zu Gunsten von Coleman ändern, d. h. sich für die Prioritätenliste (Coleman, Humphrey, Ventura) entscheiden. Damit erhält das Profil P' die Form

Prioritätenliste	Anteil der Wähler
(Coleman, Humphrey, Ventura)	38 %
(Humphrey, Coleman, Ventura)	25 %
(Ventura, Coleman, Humphrey)	20 %
(Ventura, Humphrey, Coleman)	17 %

und der ursprüngliche Nicht-Sieger Coleman gewinnt die Wahl. Dieser Wechsel des Siegers von Ventura zu Coleman findet statt, obwohl die auf diese beiden Kandidaten restringierten Profile $P|_{\{Coleman, Ventura\}}$ und $P'|_{\{Coleman, Ventura\}}$, d. h. die Profile ohne Berücksichtigung des hier irrelevanten Kandidaten Humphrey, miteinander übereinstimmen. Das Entscheidungsverfahren der einfachen Mehrheit ist also nicht unabhängig.

Beispiel 3.8 Im Fall $|A| = 2$ ist jedes Entscheidungsverfahren unabhängig (einfach aus dem Grund, dass es keine irrelevanten Alternativen gibt).

Das Verfahren der einfachen Mehrheit ist tatsächlich nur im Fall $|A| = 2$ unabhängig, für $|A| > 2$ nicht. (Dies wird sich aus Satz 3.17 in Verbindung mit Bemerkung 3.3 ergeben.)

Wenn $B \subseteq A$ eine fest gewählte Menge ist, ist auch das Verfahren $C(P) = B$ für alle P unabhängig (aber natürlich nicht demokratisch, wenn $B \neq A$ ist).

Ein weiteres Beurteilungskriterium befasst sich mit dem Verhalten des Entscheidungsverfahrens, wenn die Wählermenge auf eine bestimmte Weise verändert wird.

Definition 3.7 Ein Entscheidungsverfahren erfüllt die *Richelson-Bedingung*, wenn ein eindeutiger Wahlsieger a^* eines Profils P auch eindeutiger Wahlsieger zu jedem Profil P' ist, das aus P dadurch entsteht, dass ein Kriterium hinzukommt, in dessen Prioritätenliste a^* auf dem ersten Platz steht.

Beispiel 3.9 Wir bestimmen mit Hilfe des Copeland-Verfahrens den Sieger zum Profil P mit

Kriterien	Prioritätenliste
1, 2	$(b_2, b_1, a_1, a_2, a_3)$
3	$(a_3, a_2, a_1, b_2, b_1)$
4	$(b_1, a_3, a_2, a_1, b_2)$

und erhalten dazu zunächst die Majoritätsrelation

$$M(P) = \{(b_2, b_1), (b_1, a_1), (b_1, a_2), (b_1, a_3)\},$$

also die Punktzahlen $c(a_j) = -1$ für $j = 1, 2, 3$, $c(b_1) = 2$ und $c(b_2) = 1$, und damit $C^{\mathrm{Cop}}(P) = \{b_1\}$.

Jetzt konstruieren wir das Profil P', das aus den vier Prioritätenlisten des Profils P und der zusätzlichen Liste $(b_1, b_2, a_1, a_2, a_3)$ des neu hinzugekommenen Kriteriums 5 besteht. Dieses Profil hat die Majoritätsrelation

$$M(P') = \{(b_2, b_1), (a_1, a_2), (a_1, a_3), (a_2, a_3), (b_1, a_1), (b_1, a_2), (b_1, a_3),$$
$$(b_2, a_1), (b_2, a_2), (b_2, a_3)\},$$

damit die Punktzahlen $c(a_1) = 0$, $c(a_2) = -2$, $c(a_3) = -4$, $c(b_1) = 2$ und $c(b_2) = 4$ und folglich die Siegermenge $C^{\mathrm{Cop}}(P') = \{b_2\}$. Also erfüllt das Copeland-Verfahren die Richelson-Bedingung nicht.

Wir können hier auch den umgekehrten Standpunkt einnehmen und das Profil P' als Ausgangspunkt wählen. Dann kann man sagen, dass es für den Kandidaten b_1 vorteilhaft wäre, wenn der Wähler Nr. 5, der eigentlich diesen Kandidaten wählen möchte, darauf verzichten würde, im Wahllokal zu erscheinen und seine Stimme abzugeben. Dieses Phänomen kann bei Verfahren, die die Richelson-Bedingung verletzen, offenbar immer auftreten; man bezeichnet es als *Nicht-Erscheinens-Paradoxon* (englisch *No-Show-Paradox*).

Bemerkung 3.10 Das Verfahren der einfachen Mehrheit erfüllt die Bedingung von Richelson, denn wenn hier der eindeutige Wahlsieger eine zusätzliche Stimme bekommt, während sich die Stimmenzahlen aller anderen Alternativen nicht ändern, kann sich an der Siegermenge nichts ändern.

Auch das Verfahren der einfachen Mehrheit mit Stichwahl erfüllt die Richelson-Bedingung: Ist die Alternative a^* eindeutiger Sieger bei diesem Verfahren, so muss a^* beim Verfahren der einfachen Mehrheit mindestens den zweiten Platz belegen. Daran ändert sich auch durch Hinzukommen eines weiteren Wählers von a^* nichts. Ebensowenig kann sich dadurch der Gegner von a^* in der Stichwahl ändern, denn dieser kann nicht von einem der ersten beiden Plätze des ersten Wahlgangs verdrängt werden. In der Stichwahl treten also nach dem Hinzukommen des neuen Wählers die gleichen Alternativen an wie zuvor, und hier bekommt a^* jetzt eine Stimme mehr als vorher, bleibt also auf jeden Fall eindeutiger Sieger.

Definition 3.8 Ein symmetrisches Entscheidungsverfahren C heißt *konsistent*, wenn für je zwei Profile P_1 und P_2 über der gleichen Alternativenmenge A und disjunkten Kriterienmengen K_1 bzw. K_2 mit der Eigenschaft $C(P_1) \cap C(P_2) \neq \emptyset$ und für das durch Zusammenlegen entstehende Profil P über $K_1 \cup K_2$ stets die Aussage $C(P) = C(P_1) \cap C(P_2)$ gilt.

Wir fordern hier also: Wenn es zwei Wählergruppen gibt, die jeweils für sich genommen gewisse Wahlsieger ermitteln, und wenn unter diesen Wahlsiegern solche sind, die
in jeder der Wählergruppen gewinnen, dann sollen bei einer gemeinsamen Wahl beider
Gruppen auch genau diese Alternativen Wahlsieger werden. Ein Vergleich der Beispiele 1.5 und 1.4 hatte schon gezeigt, dass etwa das Verfahren der einfachen Mehrheit mit
Stichwahl nicht konsistent ist. Wenn zusätzlich noch Demokratie gefordert wird, kann
man sogar noch genauer charakterisieren, welche Verfahren konsistent sind:

Satz 3.4 (Young [9]) *Ein demokratisches Entscheidungsverfahren ist genau dann konsistent, wenn es ein Punkte-Verfahren oder ein zusammengesetztes Punkte-Verfahren ist,
jedoch mit der Verallgemeinerung, dass die Punktzahlen nicht unbedingt die Monotonie-
eigenschaften $\lambda_1 \geq \lambda_2 \geq \ldots \geq \lambda_q$ und $\lambda_1 > \lambda_q$ haben müssen.*

Bemerkung 3.11 Wird ein nicht konsistentes Entscheidungsverfahren eingesetzt, so kann
es möglich sein, das Wahlergebnis durch geeignete Festlegung der Wahlbezirke zu beeinflussen. Entsprechende Versuche führen oft zu merkwürdig zugeschnittenen Bezirken.
Besonders häufig geschieht dies in der mit unserer Fragestellung verwandten Situation,
dass *mehrere* Wahlsieger bestimmt werden sollen, z. B. bei der Wahl der Abgeordneten eines Parlaments durch die Bürger eines Gebiets. Einer der ersten in der Literatur
diskutierten Fälle war die Wahl zum Abgeordnetenhaus von Massachussetts im Jahre
1812, bei der der damalige Gouverneur (und spätere US-Vizepräsident) Elbridge Gerry
für die Wahlkreise eine Form zuließ, die Beobachter an einen Salamander erinnerte (vgl.
Abb. 3.1). Daraus entstand für diese Vorgehensweise die auch heute noch gebräuchliche
Bezeichnung *Gerrymandering*.

Beispiel 3.10 Ein weiteres Phänomen, das man beobachten kann, wenn die Wählermenge in mehrere Teile aufgesplittet wird, ist das sog. Simpson-Paradoxon. Da es nicht sehr
eng mit den hier schwerpunktmäßig betrachteten Fragen zusammenhängt, soll es nur
kurz anhand eines Beispiels vorgestellt werden. Wir betrachten hierzu die Abstimmung
im US-amerikanischen Senat im Zuge der Verabschiedung des Bürgerrechtsgesetzes von
1964 (Civil Rights Act of 1964), das einen wesentlichen Schritt zur Aufhebung der Ras-
sentrennung bedeutete. Dabei teilen wir die Senatoren sowohl nach Parteizugehörigkeit
(Demokraten bzw. Republikaner) als auch nach geografischer Herkunft (klassische Südstaaten oder Rest der USA) auf:

		Südstaaten	Rest	Gesamt
	Anzahl der Senatoren	21	46	67
Demokraten	Anzahl der Ja-Stimmen	1	45	46
	Anteil der Ja-Stimmen	4.8 %	97.8 %	68.7 %
	Anzahl der Senatoren	1	32	33
Republikaner	Anzahl der Ja-Stimmen	0	27	27
	Anteil der Ja-Stimmen	0.0 %	84.4 %	81.8 %

Abb. 3.1 Salamanderähnliche Form der Wahlbezirke der Parlamentswahl von Massachussetts, 1812 (Karikatur aus *The Boston Gazette*, 26. März 1812). Quelle der digitalisierten Version: Wikimedia Commons, https://commons.wikimedia.org/wiki/File:The_Gerry-Mander.png (Public Domain)

An der dritten Spalte dieser Tabelle erkennt man, dass der Anteil der Befürworter des Gesetzes unter allen Demokratischen Senatoren der Südstaaten mit 4.8 % größer ist als der entsprechende Anteil unter den Republikanern der gleichen Region (0.0 %). Analoges gilt mit einem Verhältnis von 97.8 % zu 84.4 %, wenn wir die in der vorletzten Spalte genannten Senatoren aus den anderen Bundesstaaten betrachten. Obwohl also in jedem einzelnen Teil des Landes für sich betrachtet offenbar die Demokraten den Gesetzesvorschlag stärker befürworten als die Republikaner, ergibt sich jedoch bei Betrachtung des gesamten Landes als Einheit (letzte Spalte) das entgegengesetzte Bild: Die Zustimmung unter den Republikanern beträgt 81.8 % und somit deutlich mehr als bei den Demokraten mit nur 68.7 %.

Die gleiche Beobachtung ließ sich seinerzeit auch in der anderen Kammer des Parlaments, dem Repräsentantenhaus, machen.

3.2 Entscheidungen zwischen wenigen Alternativen

Wir wollen die oben begonnenen Betrachtungen demokratischer und monotoner Entscheidungsverfahren nun mit der Untersuchung gewisser Spezialfälle fortsetzen. Dabei soll angenommen werden, dass die Anzahl der Alternativen klein ist.

Zuerst gehen wir davon aus, dass genau zwei Alternativen vorhanden sind.

Satz 3.5 *Die Alternativenmenge A habe genau zwei Elemente. Dann ist das Verfahren der einfachen Mehrheit das einzige Entscheidungsverfahren, das sowohl demokratisch als auch streng monoton ist.*

Beweis Eine Prioritätenliste kann nur die Form (a_1, a_2) oder (a_2, a_1) haben. Ein Profil P muss daher aus n solchen Listen in beliebiger Reihenfolge bestehen. Wegen der Demokratie hat die Reihenfolge aber keinen Einfluss auf die Siegermenge. Daher genügt es zur Beschreibung des Profils, wenn wir sagen, dass n_1 mal die Prioritätenliste (a_1, a_2) und n_2 mal die Prioritätenliste (a_2, a_1) vorkommt. Die Gesamtzahl der Kriterien ist dann $n = n_1 + n_2$.

Zuerst betrachten wir den Fall, dass n gerade ist. Für $n_1 = n_2 = n/2$ ist dann wegen der Demokratie $C(P) = \{a_1, a_2\}$. Ein beliebiges anderes Profil P' hat entweder $n_1 > n/2 > n_2$ oder $n_2 > n/2 > n_1$. Im ersten Fall ist P' aus P durch Verbesserung von a_1 entstanden, und wegen der strengen Monotonie ist $C(P') = \{a_1\}$; im zweiten Fall ist die Situation analog mit a_2 an Stelle von a_1. Damit erkennen wir für gerade n, dass für jedes denkbare Profil die Siegermenge unseres demokratischen und streng monotonen Verfahrens mit der Siegermenge übereinstimmt, die das Verfahren der einfachen Mehrheit ergibt.

Für den Fall, dass n ungerade ist, betrachten wir zunächst das Profil P mit $n_1 = n_2 + 1$ und nehmen $a_2 \in C(P)$ an. Dann könnten wir a_2 verbessern, indem wir es in genau einem Kriterium vor a_1 setzen. Dies würde wegen der strengen Monotonie dazu führen, dass a_2 einziger Sieger ist. Anschließend vertauschen wir die Alternativen a_1 und a_2. Wegen der Neutralität wäre dann die entsprechende Permutation auch auf die Siegermenge anzuwenden, d. h. jetzt ist a_1 einziger Sieger. Tatsächlich ist das Profil, das wir durch diese beiden Operationen erhalten haben, aber wieder das ursprüngliche Profil P, für das nach Annahme a_2 ebenfalls Sieger ist. Damit haben wir einen Widerspruch erzeugt. Also muss $a_2 \notin C(P)$ gelten, und daraus folgt $C(P) = \{a_1\}$, denn nach Definition ist $C(P) \neq \emptyset$.

Als Nächstes ist der Fall n ungerade und $n_1 = n_2 + l$ mit $l = 3, 5, 7, \ldots$ zu betrachten. Dieses Profil ergibt sich aber aus demjenigen für $n_1 = n_2 + 1$ durch Verbesserung von a_1 in $(l - 1)/2$ Prioritätenlisten. Da wir vor der Verbesserung schon die Siegermenge $\{a_1\}$ hatten, bleibt dies auch nach der Verbesserung so.

Für den Fall n ungerade und $n_2 > n_1$ ergibt sich dann wegen der Demokratie stets die Siegermenge $\{a_2\}$ durch Vertauschung der Alternativen.

Auch für ungerade n liefert das Verfahren also stets das gleiche Ergebnis wie das Verfahren der einfachen Mehrheit. $\square$

Fordern wir statt strenger Monotonie nur noch Monotonie, bleiben aber bei der Demokratie, so tritt eine etwas andere Klasse von Entscheidungsverfahren auf.

Definition 3.9 Sei $A = \{a_1, a_2\}$, $|K| = n$ und $0 \leq p \leq n$. Ein Entscheidungsverfahren C zu dieser Situation heißt *p-Quoten-Verfahren*, wenn für jedes $a \in A$ die Aussage $a \in C(P)$ genau dann gilt, wenn $\phi_1(P, a) \geq p$ ist.

Die Alternative a wird demnach Sieger, wenn sie mindestens p Stimmen (also erste Plätze in einer Prioritätenliste) bekommt. Das bedeutet, dass eine Alternative nur dann *eindeutiger* Sieger sein kann, wenn die andere Alternative *weniger* als p Stimmen bekommt, d. h. wenn die erste Alternative mehr als $n - p$ Stimmen hat. Demzufolge ergibt sich z. B. für $p = n/2$ das Verfahren der einfachen Mehrheit und für $p = n/3$ das Verfahren der Zweidrittelmehrheit.

Satz 3.6 *Jedes demokratische und monotone $(n, 2)$-Entscheidungsverfahren ist ein p-Quoten-Verfahren mit einem $p \leq n/2$.*

Auch den Fall $|A| = 3$ wollen wir kurz explizit behandeln und dabei zunächst die einfachste denkbare Situation $n = 2$ betrachten.

In dieser Situation sind nur sechs wesentlich verschiedene Profile denkbar, denn wegen der grundsätzlich vorausgesetzten Demokratie dürfen wir ohne Beschränkung der Allgemeinheit annehmen, dass zum Kriterium 1 die Prioritätenliste (a_1, a_2, a_3) gehört. Für das Kriterium 2 bleiben dann sechs Möglichkeiten, zu denen wir für einige ausgewählte Entscheidungsverfahren die Siegermengen angeben:

Profil			Siegermenge nach		
Laufende Nummer	Kriterien	Prioritäten-liste	Kemeny, Borda oder Copeland	Schwartz	einfacher Mehrheit
1	1	(a_1, a_2, a_3)	$\{a_1\}$	$\{a_1\}$	$\{a_1\}$
	2	(a_1, a_2, a_3)			
2	1	(a_1, a_2, a_3)	$\{a_1\}$	$\{a_1\}$	$\{a_1\}$
	2	(a_1, a_3, a_2)			
3	1	(a_1, a_2, a_3)	$\{a_1, a_2\}$	$\{a_1, a_2\}$	$\{a_1, a_2\}$
	2	(a_2, a_1, a_3)			
4	1	(a_1, a_2, a_3)	$\{a_2\}$	$\{a_1, a_2\}$	$\{a_1, a_2\}$
	2	(a_2, a_3, a_1)			
5	1	(a_1, a_2, a_3)	$\{a_1\}$	$\{a_1, a_3\}$	$\{a_1, a_3\}$
	2	(a_3, a_1, a_2)			
6	1	(a_1, a_2, a_3)	$\{a_1, a_2, a_3\}$	$\{a_1, a_2, a_3\}$	$\{a_1, a_3\}$
	2	(a_3, a_2, a_1)			

Beispiel 3.11 Sehen wir uns das erste in der Tabelle aufgeführte Profil für ein allgemeines demokratisches und streng monotones Entscheidungsverfahren C genauer an.

Wäre in diesem Fall $a_3 \in C(P)$, so könnten wir durch Verbesserung von a_3 das Profil P' mit $p'_1 = p_1 = (a_1, a_2, a_3)$ und $p'_2 = (a_1, a_3, a_2)$ konstruieren. Wegen der strengen Monotonie folgte dann $C(P') = \{a_3\}$. Dann permutieren wir in P' die Alternativen mit der Permutation

$$\sigma_A = \begin{pmatrix} a_1 & a_2 & a_3 \\ a_1 & a_3 & a_2 \end{pmatrix}.$$

Bis auf die Reihenfolge der Kriterien (auf die es wegen der Demokratie aber nicht ankommt), liefert diese Permutation wieder das Profil P', aber es gilt

$$\{a_2\} = \sigma_A(\{a_3\}) = \sigma_A(C(P')) \neq C(\sigma_A(p'_1), \sigma_A(p'_2)) = C(P') = \{a_3\}$$

im Widerspruch zur Neutralität des Verfahrens. Also gilt $a_3 \notin C(P)$.

Als nächstes nehmen wir $a_2 \in C(P)$ an. Eine Verbesserung von a_2 in der zweiten Prioritätenliste führt zum Profil P' mit $p'_1 = p_1 = (a_1, a_2, a_3)$ und $p'_2 = (a_2, a_1, a_3)$. Wegen der strengen Monotonie muss $C(P') = \{a_2\}$ gelten. Andererseits folgt wegen der Symmetrie aber $C(P') \supseteq \{a_1, a_2\}$, und wir erhalten wieder einen Widerspruch.

Es folgt also für dieses Profil P unter den Annahmen der Demokratie und der strengen Monotonie zwingend $C(P) = \{a_1\}$.

Bemerkung 3.12 Auf ähnliche Weise kann man für die anderen fünf Profile die möglichen Siegermengen eines demokratischen und streng monotonen Entscheidungsverfahrens berechnen. Das Ergebnis lautet dann wie folgt:

Profil Nr.	Mögliche Siegermengen
1	$\{a_1\}$
2	$\{a_1\}$
3	$\{a_1, a_2\}$
4	$\{a_2\}$
5	$\{a_1\}$
6	$\{a_1, a_3\}, \{a_2\}, \{a_1, a_2, a_3\}$

Nur für das letzte Profil sind also überhaupt verschiedene Siegermengen möglich.

Eine Zusammenfassung der Erkenntnisse aus den Bemerkungen 2.1 und 3.12 liefert das folgende Ergebnis:

Satz 3.7 *Von den insgesamt $7^{36} \approx 2.65 \cdot 10^{30}$ existierenden $(2, 3)$-Entscheidungsverfahren sind genau drei sowohl demokratisch als auch streng monoton. Diese Verfahren können identifiziert werden mit den Punkte-Verfahren mit Punkteverteilung $(2, 1, 0)$ (das Borda-Verfahren), $(3, 1, 0)$ bzw. $(3, 2, 0)$.*

Eine Ausdehnung dieser Betrachtungen für allgemeine Entscheidungsverfahren auf eine mehr als zwei Elemente umfassende Kriterienmenge ist sehr aufwändig; wir verzichten hier darauf. Stattdessen konzentrieren wir uns auf den Spezialfall der Punkte-Verfahren, bleiben jedoch bei der Entscheidung zwischen drei Alternativen. Für die Untersuchung dieser Situation hat Saari [7] eine sehr anschauliche Methode vorgeschlagen, die wir hier als *Saari-Diagramm* bezeichnen wollen. Die mathematische Idee lässt sich prinzipiell auch auf den Fall von mehr als drei Alternativen übertragen, sie verliert dann jedoch ihre Anschaulichkeit.

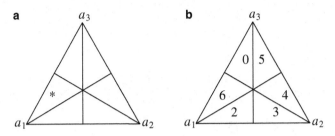

Abb. 3.2 Saari-Diagramme. **a** Grundstruktur, **b** Darstellung eines Profils

Der Ansatz beruht darauf, ein gleichseitiges Dreieck und die dazugehörigen Winkelhalbierenden zu zeichnen und jeden Eckpunkt des Dreiecks einer der drei Alternativen zuzuordnen. Jedes der sechs auf diese Weise entstehenden Teildreiecke steht hierbei für eine der sechs möglichen Prioritätenlisten. Die Zuordnung ist dabei so, dass die Alternativen in der zu einem Teildreieck gehörigen Prioritätenliste gemäß der Entfernung der zur Alternativen gehörigen Ecke zum Teildreieck sortiert werden. Im in Abb. 3.2a gezeigten Dreieck etwa gehört das mit dem Stern markierte Teildreieck zur Prioritätenliste (a_1, a_3, a_2): Für jeden Punkt des Dreiecks liegt Alternative a_1 am nächsten, dann kommt a_3, und a_2 ist am weitesten entfernt.

Mit dieser Konvention lässt sich nun ein Profil so darstellen wie in Abb. 3.2b, indem nämlich in jedes Teildreieck die Anzahl der Kriterien eingetragen wird, die die zu diesem Teildreieck gehörige Prioritätenliste haben. Die dortige Darstellung gehört demzufolge zum Profil P mit

Kriterien	Prioritätenliste
1 und 2	(a_1, a_2, a_3)
3 bis 8	(a_1, a_3, a_2)
9 bis 11	(a_2, a_1, a_3)
12 bis 15	(a_2, a_3, a_1)
16 bis 20	(a_3, a_2, a_1)

Die zeichnerische Darstellung liefert auf einen Blick viele interessante Auskünfte. Betrachten wir z. B. die von einem Eckpunkt, etwa a_2, ausgehende Winkelhalbierende. Diese Linie sagt uns, in welcher Form das aus den beiden anderen Alternativen a_1 und a_3 bestehende Paar in der Majoritätsrelation vorkommt: Oberhalb der Linie stehen alle Kriterien, die a_3 bevorzugen, und unterhalb der Linie diejenigen, die a_1 für besser halten. In Abb. 3.2b liest man die Aussage $\Pi(P, (a_3, a_1)) = 0 + 5 + 4 = 9 < 11 = 3 + 2 + 6 = \Pi(P, (a_1, a_3))$ ab, d. h. $(a_1, a_3) \in M(P)$. Tragen wir, wie in Abb. 3.3a angedeutet, die sich entsprechend ergebenden Werte $\Pi(P, (a_i, a_j))$ außerhalb des Dreiecks ein, kann man die komplette Majoritätsrelation ablesen und z. B. erkennen, dass es keinen Condorcet-Sieger gibt, denn a_2 gewinnt gegen a_1 mit 12:8, a_1 gewinnt gegen a_3 mit 11 : 9 und a_3 besiegt a_2 ebenfalls mit 11 : 9.

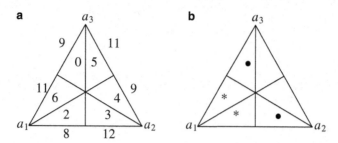

Abb. 3.3 Anwendungen von Saari-Diagrammen. **a** Um Informationen zur Majoritätsrelation er-
gänzte Saari-Diagramm-Darstellung eines Profils, **b** Auswertung von Punkte-Verfahren mit Hilfe
des Saari-Diagramms

Um mit Hilfe dieser Idee Punkte-Verfahren auszuwerten und zu untersuchen, wenden
wir Lemma 2.6 an. Dieses Resultat gestattet uns, ein beliebiges Punkte-Verfahren für drei
Alternativen mit Punkteverteilung $(\lambda_1, \lambda_2, \lambda_3)$ durch die Vorschrift

$$\lambda_j = \lambda_3 + (\lambda_1 - \lambda_3)\lambda_j^* \quad \text{bzw.} \quad \lambda_j^* = -\frac{\lambda_3}{\lambda_1 - \lambda_3} + \frac{1}{\lambda_1 - \lambda_3}\lambda_j$$

in ein äquivalentes $(\lambda_1^*, \lambda_2^*, \lambda_3^*)$-Punkte-Verfahren zu überführen, das die Eigenschaften
$\lambda_1^* = 1, 0 \le \lambda_2^* \le 1$ und $\lambda_3^* = 0$ hat. Somit ist jedes Punkte-Verfahren für drei Alternativen äquivalent zu einem $(1, r, 0)$-Punkte-Verfahren mit einem gewissen $r \in [0, 1]$,
und wir können unsere Betrachtung auf diese Klasse von Verfahren einschränken. Insbesondere kann man sagen, dass sich jedes dieser Verfahren als Zwischenstufe zwischen
den beiden Extremen $r = 0$, dem Verfahren der einfachen Mehrheit, und $r = 1$, dem
Gegenstimmenverfahren, interpretieren lässt.

Die Punktzahl einer beliebigen Alternative für ein solches Verfahren kann dann so berechnet werden, dass man zunächst die beiden Teildreiecke nimmt, die direkt an die zur
Alternative zugehörigen Ecke angrenzen (für a_1 etwa sind dies die in Abb. 3.3b mit einem
Stern markierten Teildreiecke), und die hier stehenden Zahlen aufsummiert. Dazu muss
dann noch das r-fache der Summe der Zahlen addiert werden, die in den hierzu unmittelbar benachbarten Teildreiecken stehen (für a_1 in Abb. 3.3b durch Punkte gekennzeichnet).
So erhalten wir für unser Beispiel die Punktzahlen

$$\pi(a_1) = 8 + 3r, \quad \pi(a_2) = 7 + 7r, \quad \pi(a_3) = 5 + 10r.$$

Eine weitere interessante Information, die wir uns mit Hilfe dieser Darstellung beschaffen
können, erhalten wir, wenn wir uns vorstellen, das Dreieck läge im dreidimensionalen Eu-
klidischen Raum und seine Eckpunkte wären $(1, 0, 0)$ für a_1, $(0, 1, 0)$ für a_2 und $(0, 0, 1)$
für a_3. Wir können hier die Punktzahlen der drei Alternativen für das Verfahren mit $r = 0$
berechnen und durch die Anzahl aller insgesamt verteilten Punkte dividieren. Der aus
den so berechneten Komponenten bestehende Vektor liegt dann auf unserem Dreieck; wir
zeichnen ihn einfach ein. Diesen Prozess wiederholen wir für $r = 1$ und zeichnen dann

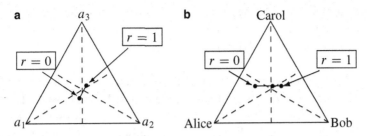

Abb. 3.4 Bestimmung potentieller Sieger und Ranglisten für Punkte-Verfahren mit Hilfe des Saari-Diagramms. **a** Zum Profil aus Abb. 3.2b, **b** zum Profil von Beispiel 2.18

noch die Verbindungsstrecke der beiden so erhaltenen Punkte ein. Das Ergebnis für unser obiges Beispiel wird in Abb. 3.4a gezeigt. Man erkennt für das Gegenstimmenverfahren ($r = 1$) die Rangfolge (a_3, a_2, a_1) und für das Verfahren der einfachen Mehrheit ($r = 0$) die Rangfolge (a_1, a_2, a_3). Weiterhin kann man sehen, dass für geeignete zwischen 0 und 1 liegende Werte von r auch die Rangfolgen (a_2, a_1, a_3) und (a_2, a_3, a_1) möglich sind. Andere Rangfolgen können jedoch mit Punkte-Verfahren für dieses Profil nicht erreicht werden.

Ganz analog kann man auch für das Profil aus Beispiel 2.18 vorgehen. Abbildung 3.4b verdeutlicht dann die dort gewonnene Erkenntnis, dass das Verfahren der einfachen Mehrheit die Rangfolge (Alice, Carol, Bob) liefert, während die Gegenstimmenmethode zur genau entgegengesetzten Rangfolge führt. In die Abbildung haben wir auch noch die Rangfolge (Carol, Bob, Alice) eingetragen, die sich für das Borda-Verfahren ($r = 1/2$) ergibt. Es fällt auf, dass dieser Punkt in der Zeichnung nicht auf halbem Wege zwischen den Punkten für $r = 0$ (einfache Mehrheit) und $r = 1$ (Gegenstimmenverfahren) liegt, sondern näher am Gegenstimmenverfahren. Rechnet man die Koordinaten der drei Punkte explizit aus, so stellt man fest, dass die Länge der Strecke zwischen den Punkten für das Borda-Verfahren und für das Verfahren der einfachen Mehrheit genau zwei Drittel der Länge der Gesamtstrecke beträgt. Dies ist eine generelle Eigenschaft, die für alle Profile gilt. Tatsächlich kann man sogar noch allgemeiner nachweisen, dass die Strecke vom Punkt für das Verfahren der einfachen Mehrheit zum Punkt für ein beliebiges r genau so lang ist wie das $2r/(1+r)$-fache der Gesamtstrecke; für $r = 1/2$ hat dieser Faktor gerade den Wert 2/3.

3.3 Condorcet-Bedingungen

Wir wollen nun zurückkehren zu Entscheidungsproblemen mit beliebig vielen Alternativen. Bereits im Fall weniger Alternativen hatten wir gesehen, dass naheliegende Bedingungen wie (strenge) Monotonie und Demokratie die Menge der Entscheidungsverfahren extrem stark einschränken können. Daher wollen wir diese Bedingungen nun zunächst wieder verlassen und uns einer anderen Klasse von Forderungen zuwenden.

Definition 3.10 Ein Entscheidungsverfahren C genügt der *Condorcet-Bedingung*, wenn für jedes Profil P, das einen Condorcet-Sieger a^* (also ein streng maximales Element der zugehörigen Majoritätsrelation $M(P)$) hat, die Aussage $C(P) = \{a^*\}$ gilt.

Die früheste heute bekannte Erwähnung dieser Idee findet sich in einer Arbeit des spanischen Philosophen und Theologen Ramon Llull, der sich bereits gegen Ende des 13. Jahrhunderts mit der Frage befasst hatte, wie die Mönche eines Klosters ihren Abt wählen sollten [8, §3.5]. Da Llulls allgemeine philosophische Gedanken teilweise von der kirchlichen Lehre abwichen, konnte er seine Schriften kaum verbreiten; seine in diesem Zusammenhang wesentlichen Texte gingen verloren und wurden erst im Jahr 2001 wiederentdeckt. Unabhängig von Llull wurde das Konzept vom französischen Philosophen, Politiker und Mathematiker Marquis Nicolas de Condorcet entwickelt. Condorcets Arbeit [2] gehört zu den ersten systematischen Analysen von Entscheidungsverfahren. Wohl kein Zufall ist die zeitliche Nähe dieser im Jahr 1785 veröffentlichten Untersuchungen zu politischen Ereignissen wie der Unabhängigkeit der USA (1776) oder der französischen Revolution (1789), die dem Konzept der Demokratie wichtige Impulse verliehen haben und die es erforderlich machten, Entscheidungsverfahren und ihre Eigenschaften genauer zu betrachten. In der Zeit vor dem späten 18. Jahrhundert war dies nur sehr sporadisch und unsystematisch geschehen, wie etwa bei den in Beispiel 1.9 erwähnten ad hoc durchgeführten Überlegungen des Plinius im alten Rom oder in den zu Beginn von Abschn. 2.4 genannten Arbeiten von Nikolaus von Kues aus dem 15. Jahrhundert.

Ein Verfahren, dass die Condorcet-Bedingung erfüllt, kann man folgendermaßen definieren:

Definition 3.11 Das *Verfahren von Black* ist das Entscheidungsverfahren, dass den Condorcet-Sieger zum alleinigen Wahlsieger erklärt, wenn es einen solchen gibt, und das ansonsten den oder die Wahlsieger nach dem Borda-Verfahren ermittelt.

Bemerkung 3.13 Man kann zeigen, dass das Black-Verfahren streng monoton ist:

(a) Sei P ein Profil mit Condorcet-Sieger a^*. Dann ist $C^{\text{Black}}(P) = \{a^*\}$. Wenn nun das Profil P' durch Verbesserung von a^* aus P entsteht, ist a^* zwangsläufig auch Condorcet-Sieger zum Profil P', also gilt auch $C^{\text{Black}}(P') = \{a^*\}$ nach Definition des Black-Verfahrens.

(b) Wenn P ein Profil ohne Condorcet-Sieger ist, so wählen wir ein $\tilde{a} \in C^{\text{Black}}(P)$ und konstruieren ein neues Profil P' aus P durch Verbesserung von $\tilde{a}$. Es sind nun wiederum zwei Fälle denkbar: Wenn auch P' keinen Condorcet-Sieger hat, so ist $\tilde{a} \in C^{\text{Black}}(P) = C^{\text{Bo}}(P)$ und $C^{\text{Black}}(P') = C^{\text{Bo}}(P')$; wegen der strengen Monotonie des Borda-Verfahrens und des Zusammenhangs zwischen P und P' ist aber $C^{\text{Bo}}(P') = \{\tilde{a}\}$, also auch $C^{\text{Black}}(P') = \{\tilde{a}\}$.

Andererseits ist es möglich, dass P' einen Condorcet-Sieger a^* hat. Dann ist $C^{\text{Black}}(P') = \{a^*\}$, und wir müssen $\tilde{a} = a^*$ beweisen. Hierzu nehmen wir zunächst das Gegenteil an. Für jedes $a \in A \setminus \{\tilde{a}, a^*\}$ stellen wir dann den direkten Vergleich zwischen a und a^* zum Profil P' auf. Weil a^* hier Condorcet-Sieger ist, gewinnt a^* alle diese Vergleiche (d. h. es gilt $\Pi(P', (a^*, a)) > \Pi(P', (a, a^*))$ für alle diese a). Da P' aus P durch Verbesserung von $\tilde{a}$ entstanden ist, ändert sich bezüglich der Vergleiche zwischen a^* und $a \neq \tilde{a}$ nichts, wenn wir statt P' das Profil P betrachten, denn die Profile unterscheiden sich nicht mehr, wenn wir in beiden Profilen jeweils $\tilde{a}$ streichen. Also gewinnt a^* in P jeden direkten Vergleich, solange der Gegner nicht $\tilde{a}$ ist. Nach Voraussetzung ist a^* in P aber nicht Condorcet-Sieger, denn dieses Profil hat keinen Condorcet-Sieger. Daher muss es einen direkten Vergleich in P geben, den a^* nicht gewinnt. Nach dem zuvor Gesagten kann der Gegner dieses Vergleichs nur $\tilde{a}$ sein; es folgt $\Pi(P, (\tilde{a}, a^*)) \geq \Pi(P, (a^*, \tilde{a}))$. Da P' aus P durch Verbesserung von $\tilde{a}$ entstanden ist, kann aber $\tilde{a}$ auch in P' den direkten Vergleich mit a^* nicht verlieren. Somit ist a^* nicht Condorcet-Sieger von P' im Widerspruch zu unserer Definition. Also muss die Annahme $\tilde{a} \neq a^*$ falsch sein, und es folgt die für die strenge Monotonie nachzuweisende Eigenschaft $C^{\mathrm{Black}}(P') = \{\tilde{a}\}$.

Wir kennen noch weitere Verfahren, die die Condorcet-Bedingung erfüllen.

Satz 3.8 *Die Verfahren von Copeland, Schwartz, Good und Kemeny erfüllen die Condorcet-Bedingung.*

Beweis Für die Verfahren von Good und Schwartz hatten wir diese Eigenschaft in Satz 2.16(a) bewiesen. Für das Verfahren von Copeland ergibt sich die Behauptung hieraus in Verbindung mit Bemerkung 2.9; entsprechend argumentieren wir für das Kemeny-Verfahren mit Bemerkung 2.18.   □

Beispiel 3.12 Wir betrachten das Profil P mit

Kriterien	Prioritätenliste
1	(Alice, Bob, Carol, Dave, Emma)
2	(Bob, Carol, Emma, Dave, Alice)
3	(Emma, Alice, Bob, Carol, Dave)
4	(Alice, Bob, Dave, Emma, Carol)
5	(Bob, Dave, Carol, Alice, Emma)

und konzentrieren uns auf die Alternativen Alice und Bob. Hierbei stellen wir fest, dass jede dieser beiden Alternativen zwei erste Plätze erreicht. Außerdem hat Bob zwei zweite Plätze und einen dritten Platz, während Alice nur einen zweiten, aber dafür auch einen vierten und einen fünften Platz belegt. Dies spiegelt sich zum Beispiel in den Ergebnissen des Borda-Verfahrens wider, das die Punkte

$$\pi(\text{Alice}) = 12, \quad \pi(\text{Bob}) = 16, \quad \pi(\text{Carol}) = 8, \quad \pi(\text{Dave}) = \pi(\text{Emma}) = 7$$

verteilt und somit Bob als eindeutigen Sieger ermittelt.

Wenn wir uns jedoch der Condorcet-Bedingung zuwenden wollen, müssen wir die Majoritätsrelation bestimmen; diese lautet

$$
\begin{aligned}
M(P) = \{&(\text{Alice}, \text{Bob}), (\text{Alice}, \text{Carol}), (\text{Alice}, \text{Dave}), (\text{Alice}, \text{Emma}),\\
&(\text{Bob}, \text{Carol}), (\text{Bob}, \text{Dave}), (\text{Bob}, \text{Emma}),\\
&(\text{Carol}, \text{Dave}), (\text{Carol}, \text{Emma}), (\text{Dave}, \text{Emma})\},
\end{aligned}
$$

und man erkennt, dass Alice streng maximales Element und somit Condorcet-Siegerin ist. Das Borda-Verfahren erfüllt die Condorcet-Bedingung also nicht.

Die mit der Condorcet-Bedingung verbundene Forderung erscheint zunächst naheliegend, ist jedoch in der Praxis sehr umstritten. Die folgenden Beispiele und Sätze erläutern die Problematik.

Satz 3.9 *Es existieren Profile, die einen Condorcet-Sieger haben, der bei keinem strikten Punkte-Verfahren zur Siegermenge gehört.*

Beweis Das Profil aus Beispiel 3.12 erfüllt die Bedingungen des Satzes, wie man mit Hilfe von Satz 2.9 erkennt.   □

Beispiel 3.13 Wir betrachten folgendes Profil P mit 101 Kriterien und 9 Alternativen [1, S. 14]:

Kriterien	Prioritätenliste
1 bis 19	$(a_2, b_1, b_2, b_3, b_4, b_5, b_6, b_7, a_1)$
20 bis 40	$(b_5, b_6, b_7, a_1, a_2, b_1, b_2, b_3, b_4)$
41 bis 50	$(b_5, a_1, a_2, b_1, b_2, b_3, b_4, b_6, b_7)$
51 bis 60	$(b_6, a_1, a_2, b_1, b_2, b_3, b_4, b_5, b_7)$
61 bis 70	$(b_7, a_1, a_2, b_1, b_2, b_3, b_4, b_5, b_6)$
71 bis 101	$(a_2, b_1, b_2, b_3, b_4, a_1, b_5, b_6, b_7)$

Die folgende Tabelle beschreibt eine interessante Eigenschaft dieses Profils:

k	1	2	3	4	5	6	7	8	9
$\phi_k(P, a_1)$	0	30	0	21	0	31	0	0	19
$\phi_k(P, a_2)$	50	0	30	0	21	0	0	0	0

Die Tabelle suggeriert, dass a_2 besser abschneiden sollte als a_1. In der Tat würde zum Beispiel jedes strikte Punkte-Verfahren zu dieser Reihenfolge kommen. Trotzdem gewinnt a_1 jeden direkten Vergleich gegen eine beliebige andere Alternative (auch gegen a_2) mit 51:50, d. h. a_1 ist Condorcet-Sieger.

Insbesondere erkennt man, dass eine Alternative sogar dann Condorcet-Sieger sein kann, wenn sie – wie a_1 in diesem Beispiel – bezüglich keines einzigen Kriteriums an erster Stelle steht.

Bemerkung 3.14 Bei jedem Entscheidungsverfahren C, das der Condorcet-Bedingung genügt, kann das Nicht-Erscheinens-Paradoxon auftreten, wenn die Alternativenmenge mehr als drei Elemente enthält und mindestens 25 Kriterien vorhanden sind [5].

Bemerkung 3.15 Entscheidungsverfahren, die der Condorcet-Bedingung genügen, haben eine Eigenschaft, die als *Tyrannei der Mehrheit* bezeichnet wird: Jede noch so knappe Mehrheit der Wähler kann, unabhängig von der Meinung der Minderheit, ihren Wunschkandidaten durchsetzen. Wenn es nämlich eine Mehrheit von Wählern (Kriterien) gibt, die sich auf einen gemeinsamen Favoriten a^* aus der Alternativenmenge einigt, so setzen alle diese Wähler diesen Kandidaten auf den ersten Platz ihrer Prioritätenliste. Damit gewinnt a^* den direkten Vergleich gegen jeden anderen Kandidaten; somit ist a^* Condorcet-Sieger und folglich auch Sieger des Entscheidungsverfahrens.

Beispiel 3.14 Drei Hungernde sollen ein Brot unter sich aufteilen. Die vier Verteilungsalternativen $a_1 = (1/2, 1/2, 0)$, $a_2 = (1/2, 0, 1/2)$, $a_3 = (0, 1/2, 1/2)$ und $a_4 = (1/3, 1/3, 1/3)$ stehen zur Auswahl. Die Prioritätenlisten der drei Hungernden ergeben sich so, dass jeder einen möglichst großen Anteil für sich haben möchte, also erhalten wir

Hungernder	Prioritätenliste
1	(a_1, a_2, a_4, a_3) oder (a_2, a_1, a_4, a_3)
2	(a_1, a_3, a_4, a_2) oder (a_3, a_1, a_4, a_2)
3	(a_2, a_3, a_4, a_1) oder (a_3, a_2, a_4, a_1)

Unabhängig davon, für welche der beiden jeweils denkbaren Prioritätenlisten sich jeder der Hungernden entscheidet, verliert a_4 (die vermeintlich gerechteste Variante) in der Majoritätsrelation gegen jede der drei anderen Alternativen, wird also nicht gewählt. Hingegen besteht die Möglichkeit, dass sich zwei Hungernde (z. B. die Nummern 1 und 2) darauf einigen, eine für beide nützliche Alternative (in diesem Fall also a_1) auf den ersten Platz ihrer Listen zu setzen. Der dritte Hungernde geht in diesem Fall leer aus.

Bemerkung 3.16 Das Borda-Verfahren lässt eine Tyrannei der Mehrheit nicht zu. Haben wir etwa q Alternativen und n Kriterien, von denen $n' \geq n/2$ eine Koalition bilden, die die Alternative a^* durchsetzen will, so werden die Mitglieder dieser Koalition a^* immer auf den ersten Platz setzen. Damit bekommt a^* von der Koalition $n'(q-1)$ Punkte. Die Opposition, die den Sieg von a^* verhindern möchte, setzt a^* geschlossen auf den letzten Platz, so dass keine weiteren Punkte hinzukommen. Die Koalition hat insgesamt $n'[(q-1) + (q-2) + \ldots + 1 + 0] = n'q(q-1)/2$ Punkte zu vergeben, d. h. sie muss noch $n'(q-1)(q/2-1)$ Punkte auf die restlichen $q-1$ Alternativen verteilen. Also muss es mindestens eine Alternative $\widehat{a} \neq a^*$ geben, die von der Koalition mindestens $\lceil n'(q/2 - 1) \rceil$ Punkte bekommt. Wenn alle Mitglieder der Opposition diese Alternative $\widehat{a}$ auf den ersten Platz ihrer Prioritätenlisten setzen, bekommt $\widehat{a}$ insgesamt mindestens $\lceil n'(q/2 - 1) \rceil + (n - n')(q - 1)$ Punkte. Ist dann

$$\left\lceil n' \left(\frac{q}{2} - 1 \right) \right\rceil + (n - n')(q - 1) > \pi(a^*) = n'(q - 1),$$

so ist a^* nicht gewählt. Diese Ungleichung ist erfüllt für

$$n' < \frac{2}{3} n \left(1 - \frac{1}{3q - 2} \right).$$

Bemerkung 3.17 Die Condorcet-Bedingung stellt nur für Profile, die einen Condorcet-Sieger haben, eine Forderung an das Entscheidungsverfahren. Um zu erkennen, wie restriktiv diese Forderung ist, muss man fragen, wie häufig solche Profile vorkommen. Für $|A| = 3$ und $n = 3$ gibt es $6^3 = 216$ Profile, von denen 204, also 94.4 %, einen Condorcet-Sieger haben. Erhöht man die Anzahl n der Kriterien, so nimmt der Anteil der Profile mit Condorcet-Sieger leicht ab, sinkt jedoch nie unter 91 %. Vergrößert man die Zahl der Alternativen, sinkt der Anteil der Profile mit Condorcet-Sieger deutlich schneller: bei $|A| = 25$ und $n = 3$ etwa haben noch ca. 47 % der Profile einen Condorcet-Sieger, für $|A| = 25$ und $n = 25$ sind es nur noch ca. 29 %.

Es gibt verschiedene Varianten der in Definition 3.10 eingeführten Condorcet-Bedingung. Naheliegend ist zum Beispiel die folgende Form:

Definition 3.12 Ein Entscheidungsverfahren C erfüllt die *strikte Condorcet-Bedingung*, wenn für jedes Profil P die Menge $C(P)$ aus den schwachen Condorcet-Siegern von P, also aus den maximalen Elementen von $M(P)$, besteht, sofern es schwache Condorcet-Sieger gibt.

Bemerkung 3.18 Die Beispiele 2.30 bzw. 2.32 zeigen, dass die Verfahren von Copeland und Schwartz die strikte Condorcet-Bedingung nicht erfüllen. Auch für die Verfahren von Kemeny und Good lassen sich Gegenbeispiele finden. Außerdem erfüllt kein konsistentes Verfahren die strikte Condorcet-Bedingung.

Satz 3.10 *Ein Verfahren, das der strikten Condorcet-Bedingung genügt, kann nicht streng monoton sein.*

Beweis Wir betrachten das Profil P mit

Kriterien	Prioritätenliste
1	(Alice, Bob, Carol)
2	(Bob, Carol, Alice)

Maximale Elemente der zugehörigen Majoritätsrelation sind Alice und Bob, d. h. wenn das Verfahren C die strikte Condorcet-Bedingung erfüllt, dann ist $C(P) = \{\text{Alice, Bob}\}$. Wir konstruieren aus P jetzt durch Verbesserung von Alice das neue Profil P' mit

Kriterien	Prioritätenliste
1	(Alice, Bob, Carol)
2	(Bob, Alice, Carol)

Auch hier sind Alice und Bob schwache Condorcet-Sieger, daher gilt wegen der strikten Condorcet-Bedingung wiederum $C(P') = \{\text{Alice, Bob}\}$. Andererseits ist aber P' durch Verbesserung von Alice aus P hervorgegangen, und folglich müsste für ein streng monotones Verfahren $C(P') = \{\text{Alice}\}$ gelten. Also kann das Verfahren nicht streng monoton sein. $\qquad\square$

Eine weitere Variante des Condorcet-Ansatzes liefert folgende Definition.

Definition 3.13 Ein $\tilde{a} \in A$ heißt *Condorcet-Verlierer* zum Profil P, wenn für alle $a \in A \setminus \{\tilde{a}\}$ die Aussage $(a, \tilde{a}) \in M(P)$ gilt.

Ein Entscheidungsverfahren C genügt der *Condorcet-Verlierer-Bedingung*, wenn es kein Profil P gibt, zu dem $C(P)$ einen Condorcet-Verlierer enthält.

Beispiel 3.15 In Beispiel 3.14 ist die vermeintlich gerechteste Alternative a_4, die gleichmäßige Verteilung des Brots auf die drei Hungernden, Condorcet-Verlierer.

Beispiel 3.16 Bei dem in Beispiel 1.1 aufgeführten Profil aus der Gouverneurswahl von Minnesota ist Jesse Ventura offensichtlich Condorcet-Verlierer; da er die Wahl unter Verwendung des Verfahrens der einfachen Mehrheit gewinnt, erfüllt dieses Verfahren die Condorcet-Verlierer-Bedingung nicht.

Satz 3.11 *Die Verfahren von Borda und Black erfüllen die Condorcet-Verlierer-Bedingung.*

Bemerkung 3.19 Auch die Verfahren von Schwartz, Good und Kemeny erfüllen die Condorcet-Verlierer-Bedingung.

Beweis zu Satz 3.11 Beim Borda-Verfahren vergibt jeder Wähler $0 + 1 + \ldots + (q-2) + (q-1) = q(q-1)/2$ Punkte. Wenn es n Wähler gibt, werden also insgesamt $nq(q-1)/2$ Punkte verteilt, d. h. jede Alternative bekommt im Durchschnitt $n(q-1)/2$ Punkte. Ein Condorcet-Verlierer $\tilde{a}$ muss weniger Punkte bekommen als diesen Mittelwert, denn seine Punktzahl ist die Anzahl der Male, die die Reihenfolge $(\tilde{a}, a)$ für beliebige $a \neq \tilde{a}$ in den Prioritätenlisten des Profils vorkommt, wenn wir die Prioritätenlisten als strikte Ordnungsrelationen auffassen. Für jedes einzelne $a \neq \tilde{a}$ tritt dies aber weniger als $n/2$ mal auf, denn als Condorcet-Verlierer verliert $\tilde{a}$ den direkten Vergleich mit jedem anderen a. Insgesamt gibt es $q - 1$ solcher direkter Vergleiche, damit ist $\pi(\tilde{a}) < n(q - 1)/2$ wie behauptet. Da $\tilde{a}$ also weniger Punkte hat als der Durchschnitt, hat diese Alternative erst recht weniger Punkte als der Punktbeste; somit folgt $\tilde{a} \notin C^{\text{Bo}}(P)$.

Für das Verfahren von Black sind zwei Fälle zu unterscheiden: Wenn das Profil keinen Condorcet-Sieger hat, so ist das Verfahren mit demjenigen von Borda identisch, für das wir die gewünschte Eigenschaft eben bewiesen haben. Anderenfalls liefert das Verfahren den Condorcet-Sieger als Wahlsieger. Da dieser nicht gleichzeitig Condorcet-Verlierer sein kann, ist die Condorcet-Verlierer-Bedingung auch in diesem Fall erfüllt.   □

Satz 3.12 *Ein Entscheidungsverfahren C, das dem Postulat von Smith genügt, erfüllt die Condorcet-Bedingung und die Condorcet-Verlierer-Bedingung.*

Aus diesem Grund wird das Postulat von Smith gelegentlich auch als *Smith-Condorcet-Bedingung* bezeichnet.

Beweis Ist $\tilde{a}$ Condorcet-Verlierer, so kann es nicht gleichzeitig Element einer minimalen $M(P)$-dominierenden Menge sein. Es folgt $\tilde{a} \notin \text{Con}(M(P)) = C^{\text{Good}}(P) \supseteq C(P)$ wegen des Postulats von Smith, also insbesondere $\tilde{a} \notin C(P)$, d. h. die Condorcet-Verlierer-Bedingung ist erfüllt.

Ist a^* Condorcet-Sieger, so ist $\{a^*\} = \text{Con}(M(P)) = C^{\text{Good}}(P) \supseteq C(P) \neq \emptyset$ und somit $C(P) = \{a^*\}$, so dass auch die Condorcet-Bedingung erfüllt ist.   □

Aus diesem Satz können wir eine unmittelbare Folgerung ziehen:

Korollar 3.13 *Das Verfahren der einfachen Mehrheit erfüllt das Postulat von Smith nicht.*

Beweis Die Aussage folgt unmittelbar aus Satz 3.12 in Verbindung mit Beispiel 3.16.   □

In Abschn. 2.5 hatten wir die Smith-Modifikation als Möglichkeit kennengelernt, diesen „Mangel" zu beheben. Allerdings hat eine Anwendung dieser Idee weitreichende Konsequenzen für die Eigenschaften des zugrunde liegenden Entscheidungsverfahrens.

Beispiel 3.17 Wir wissen aus Beispiel 3.7, dass das Verfahren der einfachen Mehrheit streng monoton ist. Die zu diesem Verfahren gehörige Smith-Modifikation ist jedoch nicht monoton: Für das Profil P mit

Kriterien	Prioritätenliste
1, 2, 3	(a_1, a_2, a_3, a_4)
4, 5	(a_4, a_3, a_1, a_2)
6	(a_3, a_4, a_1, a_2)
7	(a_3, a_1, a_2, a_4)
8	(a_2, a_4, a_1, a_3)

erhalten wir die Majoritätsrelation $M(P) = \{(a_1, a_2), (a_2, a_4), (a_3, a_4)\}$, aus deren Graphen

sich die zugehörige Condorcet-Menge $\{a_1, a_2, a_3, a_4\}$ ablesen lässt. Demzufolge ist im ersten Schritt des modifizierten Verfahrens nichts zu tun, und im zweiten Schritt ermitteln wir den Sieger gemäß der Methode der einfachen Mehrheit mit dem Ergebnis, dass a_1 einziger Sieger ist.

Verbessern wir nun den Wahlsieger a_1 in Kriterium 6 so, dass die Prioritätenliste dieses Kriteriums die Form (a_3, a_1, a_4, a_2) bekommt, so ändert sich die Majoritätsrelation zu $M(P') = \{(a_1, a_2), (a_1, a_4), (a_2, a_4), (a_3, a_4)\}$ mit dem Graphen

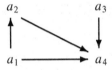

und der Condorcet-Menge $\{a_1, a_2, a_3\}$. Eine Anwendung des Smith-modifizierten Verfahrens bewirkt dann also zunächst das Streichen der Alternative a_4 aus dem Profil, das somit die Form

Kriterien	Prioritätenliste
1, 2, 3	(a_1, a_2, a_3)
4, 5, 6, 7	(a_3, a_1, a_2)
8	(a_2, a_1, a_3)

bekommt. Einziger Sieger nach dem Verfahren der einfachen Mehrheit für dieses Profil und somit Sieger bei Anwendung der Smith-Modifikation des Verfahrens der einfachen Mehrheit auf unser geändertes Profil P', das wir durch Verbesserung von a_1 aus dem ursprünglichen Profil P erhalten hatten, ist offenbar a_3. Obwohl der Sieger zum Profil P beim Übergang zu P' eine Verbesserung erfahren hat, verliert er also seinen Wahlsieg. Demnach ist das hier eingesetzte Verfahren nicht monoton.

Eine ähnliche Beobachtung gilt auch für andere Verfahren:

Beispiel 3.18 Das Borda-Verfahren ist streng monoton, die zugehörige Smith-Modifikation ist nicht monoton. Dies erkennt man zum Beispiel an den Profilen P mit

Kriterien	Prioritätenliste	Kriterien	Prioritätenliste
1, 2, 3	$(a_1, a_3, a_4, a_5, a_2)$	10	$(a_4, a_1, a_5, a_2, a_3)$
4, 5	$(a_2, a_3, a_4, a_5, a_1)$	11	$(a_5, a_3, a_4, a_2, a_1)$
6	$(a_2, a_1, a_3, a_5, a_4)$	12	$(a_2, a_5, a_3, a_1, a_4)$
7	$(a_2, a_3, a_1, a_5, a_4)$	13	$(a_2, a_5, a_3, a_4, a_1)$
8, 9	$(a_4, a_1, a_2, a_5, a_3)$	14, 15	$(a_5, a_3, a_1, a_2, a_4)$

und P' mit

Kriterien	Prioritätenliste	Kriterien	Prioritätenliste
1, 2, 3	$(a_1, a_3, a_4, a_5, a_2)$	10	$(a_4, a_1, a_5, a_2, a_3)$
4, 5	$(a_2, a_3, a_4, a_5, a_1)$	11	$(a_5, a_3, a_4, a_2, a_1)$
6	$(a_2, a_1, a_3, a_5, a_4)$	12	$(a_2, a_5, a_3, a_1, a_4)$
7	$(a_2, a_3, a_1, a_5, a_4)$	13	$(a_2, a_5, a_3, a_4, a_1)$
8	$(a_4, a_1, a_2, a_5, a_3)$	14, 15	$(a_5, a_3, a_1, a_2, a_4)$
9	$(a_4, a_1, a_2, a_3, a_5)$		

Die zugehörigen Majoritätsrelationen lassen sich als Graphen in folgender Form darstellen:

$M(P)$:
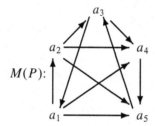

$M(P')$:
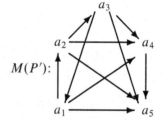

Die Condorcet-Menge von $M(P)$ enthält demnach alle Alternativen; das Smith-modifizierte Borda-Verfahren kommt damit auf die Punktzahlen $\pi(a_1) = 46$, $\pi(a_2) = 47$, $\pi(a_3) = 48$, $\pi(a_4) = 40$ und $\pi(a_5) = 44$, also auf den eindeutigen Sieger a_3. Das Profil P' geht aus P durch Verbesserung dieser Alternative a_3 in Kriterium 9 hervor. Durch diese Verbesserung kehrt sich im Graphen der Majoritätsrelation die Kante zwischen a_3 und a_5 um, was dazu führt, dass sowohl a_5 als auch a_4 aus der Condorcet-Menge herausfallen. Damit entspricht das Smith-modifizierte Borda-Verfahren in diesem Fall der Anwendung des klassischen Borda-Verfahrens auf die Restriktion des Profils P' auf die verbleibende Alternativenmenge $\{a_1, a_2, a_3\}$. Dies führt auf die Punktzahlen $\pi(a_1) = 30$, $\pi(a_2) = 31$ und $\pi(a_3) = 29$, so dass a_3 nicht mehr Sieger ist, sondern a_2.

Satz 3.14 *Das Verfahren von Schulze genügt dem Postulat von Smith.*

Beweis Die Condorcet-Menge der Majoritätsrelation zum gegebenen Profil hat die Eigenschaft, dass jedes ihrer Elemente den direkten Vergleich gegen jedes Element außerhalb von $\mathrm{Con}(M(P))$ gewinnt. Das bedeutet, dass es im Schulze-Graphen keinen Pfeil gibt, der von einem Element von $A \setminus \mathrm{Con}(M(P))$ nach $\mathrm{Con}(M(P))$ zeigt. Folglich ist jedes Element von $\mathrm{Con}(M(P))$ stärker als jedes Element von $A \setminus \mathrm{Con}(M(P))$, und somit kommen höchstens die Elemente von $\mathrm{Con}(M(P))$ als Sieger in Frage. $\square$

3.4   Entscheidende Kriterien und Diktaturen

Wir wollen uns jetzt mit der Frage befassen, ob ein Entscheidungsverfahren einer Teilmenge der Wählermenge K besonders großen Einfluss zuweisen kann. Offenbar ist es mit der Forderung nach Demokratie unvereinbar, wenn eine solche Teilmenge klein ist und trotzdem den Wahlsieger ohne Rücksicht auf die Meinungen der anderen Wähler bestimmt. Daher beschränken wir uns bei diesem erhöhten Einfluss auf die Frage, ob es der Teilmenge wenigstens möglich ist, den Wahlsieg eines ihr nicht genehmen Kandidaten zu verhindern.

Definition 3.14 Sei C ein Entscheidungsverfahren zur Alternativenmenge A und der Kriterienmenge K. Eine Teilmenge $D \subseteq K$ heißt *entscheidend*, wenn für alle $a, \tilde{a} \in A$ und für jedes Profil $P = (p_1, p_2, \ldots, p_n)$ die Aussage

$$a \succ_j \tilde{a} \;\; \text{für alle } j \in D \quad \Rightarrow \quad \tilde{a} \notin C(P)$$

gilt.

Wenn es eine entscheidende Teilmenge D mit $|D| = 1$ gibt, so heißt das Entscheidungsverfahren C *diktatorisch* und das Element von D wird als *Diktator* bezeichnet.

Wenn also alle entscheidenden Wähler den Kandidaten a dem Kandidaten $\tilde{a}$ vorziehen, soll $\tilde{a}$ unabhängig von der Meinung der anderen Wähler nicht Sieger sein.

Bemerkung 3.20 Wie bereits bemerkt, kann eine entscheidende Teilmenge D der Kriterienmenge im Allgemeinen zunächst nur einzelne Alternativen aus der Siegermenge ausschließen, aber noch keinen Sieger erzwingen. Haben jedoch alle Kriterien von D die gleiche Alternative a^* auf dem ersten Platz ihrer Prioritätenliste, so werden tatsächlich alle Alternativen mit Ausnahme von a^* aus der Siegermenge ferngehalten, d. h. a^* ist eindeutiger Sieger. Dieses Szenario liegt insbesondere dann vor, wenn D nur ein Element enthält, d. h. ein Diktator kann immer auch den Wahlsieger bestimmen, ohne dass die anderen Kriterien eine Rolle spielen.

Satz 3.15 *Ein Entscheidungsverfahren erfüllt die Pareto-Bedingung genau dann, wenn K entscheidend ist.*

Beweis Dies folgt unmittelbar aus den Definitionen 3.2 und 3.14. $\square$

Lemma 3.16 *Diktatorische Entscheidungsverfahren sind unabhängig.*

Beweis Sei C ein diktatorisches Entscheidungsverfahren, $j \in K$ der zugehörige Diktator und P ein Profil. Nach Definition 3.14 gewinnt der Kandidat a^*, der auf dem ersten Platz der Prioritätenliste p_j des Diktators steht, denn nach Definition des Diktators kommen alle anderen Alternativen nicht als Sieger infrage.

Sei nun $a \neq a^*$ eine Alternative. Wir konstruieren dann ein Profil P' mit der Eigenschaft $P_{|\{a,a^*\}} = P'_{|\{a,a^*\}}$. Diese Eigenschaft impliziert insbesondere, dass a^* in der Prioritätenliste p'_j ebenso wie in p_j vor a steht. Da das Verfahren diktatorisch ist, gilt also auch für dieses Profil $a \notin C(P')$. Da dies für jedes $a \neq a^*$ gilt, erhalten wir die Unabhängigkeit des Verfahrens. $\square$

Eines der berühmtesten Resultate der Theorie der Entscheidungsverfahren ist der folgende Satz, der auf Kenneth Arrow zurückgeht, der in Würdigung dieses und zahlreicher anderer Beiträge zu diesem und verwandten Themengebieten im Jahre 1972 mit dem Wirtschafts-Nobelpreis ausgezeichnet wurde. Der Satz besagt im Wesentlichen, dass es nicht möglich ist, ein Entscheidungsverfahren zu finden, das einige wenige relativ schwache, aber allgemein als sinnvoll erachtete Eigenschaften gleichzeitig besitzt.

Satz 3.17 (Arrow) *Ein (n,q)-Entscheidungsverfahren mit $q \geq 3$, das die Pareto-Bedingung erfüllt, ist genau dann unabhängig, wenn es diktatorisch ist.*

Bemerkung 3.21 Mit diesem negativen Resultat kann man auf unterschiedliche Weise umgehen. Zunächst kann man sich auf den Standpunkt stellen, dass diktatorische Entscheidungsverfahren unbedingt vermieden werden sollen. Dann muss man auf eine der anderen Bedingungen verzichten. Vielfach ist dies die Unabhängigkeit, weil die Forderung hiernach am wenigsten zwingend erscheint. Eine andere Möglichkeit besteht darin, die Definition des Entscheidungsverfahrens zu modifizieren, indem man die Definitionsmenge verkleinert. Dies bedeutet, dass man nicht mehr verlangt, dass das Verfahren zu jedem Profil eine Wahlsiegermenge ermittelt; auf diese Weise ist es möglich, problematische Profile auszuschließen.

Alternativ dazu kann man aber auch kritisch hinterfragen, was der Begriff der Diktatur wirklich bedeutet und ob diktatorische Verfahren tatsächlich so abzulehnen sind, wie es durch die stark negativ konnotierte Nomenklatur nahegelegt wird. Eine Diskussion dieser keineswegs trivialen Frage findet man z. B. bei Tangian [8, §5.10].

In Verbindung mit den Bemerkungen 3.3 und 3.4 folgt aus Satz 3.17 unmittelbar:

Korollar 3.18 *Das Verfahren der einfachen Mehrheit mit und ohne Stichwahl, die Verfahren von Hare, Copeland, Kemeny und Schulze sowie alle strikte Punkte-Verfahren sind nicht unabhängig.*

Für den Beweis von Satz 3.17 benötigen wir einige weitere Konzepte und Hilfsergebnisse.

Definition 3.15 Gegeben sei ein Entscheidungsverfahren C zur Alternativenmenge A und der Kriterienmenge K.

(a) Eine Teilmenge $D \subseteq K$ heißt *global entscheidend* für die Alternative $a \in A$ im Vergleich mit $\tilde{a} \in A$, wenn die Aussage

$$a \succ_j \tilde{a} \text{ für alle } j \in D \quad \Rightarrow \quad \tilde{a} \notin C(P)$$

gilt. In diesem Fall schreiben wir $a \blacktriangleright_D \tilde{a}$.

(b) Eine Teilmenge $D \subseteq K$ heißt *lokal entscheidend* für die Alternative $a \in A$ im Vergleich mit $\tilde{a} \in A$, wenn die Aussage

$$\left[a \succ_j \tilde{a} \text{ für alle } j \in D \text{ und } \tilde{a} \succ_j a \text{ für alle } j \in K \setminus D \right] \quad \Rightarrow \quad \tilde{a} \notin C(P)$$

gilt. In diesem Fall schreiben wir $a \triangleright_D \tilde{a}$.

Bemerkung 3.22 Diese beiden Begriffe kann man wie folgt interpretieren:

(a) Die globale Entscheidungseigenschaft für a im Vergleich mit $\tilde{a}$ bedeutet, dass $\tilde{a}$ aus der Siegermenge ausgeschlossen wird, wenn alle Wähler aus der Menge D die Alternative a für besser halten als $\tilde{a}$. Die Meinung der nicht zu D gehörigen Wähler spielt dabei keine Rolle.

(b) Die lokale Entscheidungseigenschaft schließt $\tilde{a}$ nur dann aus der Siegermenge aus, wenn einerseits alle Wähler aus D die Alternative a für besser halten als $\tilde{a}$ und andererseits alle übrigen Wähler die gegenteilige Meinung vertreten.

In beiden Fällen dienen die Kriterien nur dazu, Alternativen aus der Siegermenge fernzuhalten. Darüber, welche der danach noch verbleibenden Alternativen tatsächlich zu Siegern erklärt werden, wird nichts ausgesagt.

Wir stellen jetzt einige Aussagen über lokal und global entscheidende Mengen zusammen. Dabei gehen wir zuerst davon aus, dass eine Menge eine Entscheidungseigenschaft zwischen zwei Alternativen hat. Unter dieser Voraussetzung kann man dann zeigen, dass eine Entscheidungseigenschaft auch zwischen anderen Alternativen besteht. Anschaulich gesprochen breitet sich damit die Entscheidungseigenschaft wie eine ansteckende Krankheit über der Alternativenmenge aus. Daher bezeichnet man die folgenden Lemmata 3.19 bis 3.21 auch als *Ansteckungsaussagen*.

Lemma 3.19 *Sei C ein unabhängiges (n, q)-Entscheidungsverfahren mit $q \geq 3$, das die Pareto-Bedingung erfüllt, und sei $D \subseteq K$ lokal entscheidend für a_1 gegen a_2. Dann ist D für jedes $a_3 \in A \setminus \{a_1, a_2\}$ global entscheidend für a_1 gegen a_3.*

Beweis Sei $a_3 \in A \setminus \{a_1, a_2\}$ beliebig. Wir zerlegen die Menge $K \setminus D$ in zwei disjunkte Teilmengen E_1 und E_2 und betrachten das Profil P^* mit den Prioritätenlisten

$$
p_j = \begin{cases} (a_1, a_2, a_3, \ldots) & \text{für } j \in D, \\ (a_2, a_1, a_3, \ldots) & \text{für } j \in E_1, \\ (a_2, a_3, a_1, \ldots) & \text{für } j \in E_2, \end{cases}
$$

wobei die Darstellung bedeuten soll, dass die weiteren Alternativen auf den Plätzen 4 bis n in beliebiger Reihenfolge angeordnet sein dürfen. Insbesondere muss nicht für alle $j \in D$ (bzw. $j \in E_k$, $k = 1, 2$) die gleiche Reihenfolge vorliegen. Wegen der Pareto-Eigenschaft sind nur a_1, a_2 und a_3 als Sieger möglich, denn alle anderen Alternativen sind Pareto-dominiert. Außerdem ist a_3 durch a_2 Pareto-dominiert, so dass das Zwischenergebnis $C(P^*) \subseteq \{a_1, a_2\}$ folgt. Schließlich finden genau die Wähler aus D die Alternative a_1 besser als a_2, und weil D lokal entscheidend für a_1 gegen a_2 ist, ergibt sich $a_2 \notin C(P^*)$ und somit $C(P^*) = \{a_1\}$.

Wegen der Unabhängigkeit von C gilt nun für jedes Profil P mit $P_{|\{a_1, a_3\}} = P^*_{|\{a_1, a_3\}}$ auch $a_3 \notin C(P)$. Die hierbei betrachteten Profile P sind demnach genau diejenigen, für die die Wähler aus D die Alternative a_1 gegenüber a_3 bevorzugen, während die Meinung der Wähler, die nicht zu D gehören, keine Rolle spielt. Das bedeutet aber $a_1 \blacktriangleright_D a_3$. □

Lemma 3.20 *Sei C ein unabhängiges (n, q)-Entscheidungsverfahren mit $q \geq 3$, das die Pareto-Bedingung erfüllt, und sei $D \subseteq K$ lokal entscheidend für a_1 gegen a_2. Dann ist D für jedes $a_3 \in A \setminus \{a_1, a_2\}$ global entscheidend für a_3 gegen a_2.*

Beweis Sei $a_3 \in A \setminus \{a_1, a_2\}$ beliebig. Wir zerlegen die Menge $K \setminus D$ in zwei disjunkte Teilmengen E_1 und E_2 und betrachten das Profil P^* mit den Prioritätenlisten

$$
p_j = \begin{cases} (a_3, a_1, a_2, \ldots) & \text{für } j \in D, \\ (a_3, a_2, a_1, \ldots) & \text{für } j \in E_1, \\ (a_2, a_3, a_1, \ldots) & \text{für } j \in E_2, \end{cases}
$$

mit der gleichen Interpretation der Notation wie im Beweis von Lemma 3.19. Für dieses Profil gilt $C(P^*) = \{a_3\}$, denn analog zur obigen Argumentation können wieder alle anderen Alternativen nicht zur Siegermenge gehören.

Wegen der Unabhängigkeit von C gilt nun für jedes Profil P mit $P_{|\{a_2, a_3\}} = P^*_{|\{a_2, a_3\}}$ auch $a_2 \notin C(P)$. Die jetzt zugelassenen Profile P sind aber genau diejenigen, für die die Wähler aus D die Alternative a_3 gegenüber a_2 bevorzugen, während die Präferenz der Wähler, die nicht zu D gehören, keine Rolle spielt. Das bedeutet gerade $a_3 \blacktriangleright_D a_2$. □

Lemma 3.21 *Sei C ein unabhängiges (n,q)-Entscheidungsverfahren mit $q \geq 3$, das die Pareto-Bedingung erfüllt, und sei $D \subseteq K$ lokal entscheidend für die Alternative a_1 gegen a_2. Dann ist D entscheidend.*

Beweis Nach Definition müssen wir zeigen, dass D global entscheidend zwischen beliebigen $\tilde{a}, a' \in A$ ist.

Seien zunächst $\tilde{a}, a' \in A \setminus \{a_1, a_2\}$ beliebig. Weil nach Voraussetzung $a_1 \mathrel{\vcenter{\hbox{$\scriptstyle\triangleright$}}}_D a_2$ gilt, erhalten wir aus Lemma 3.19 die Eigenschaft $a_1 \blacktriangleright_D \tilde{a}$. Hieraus folgt nach Definition 3.15 sofort $a_1 \mathrel{\vcenter{\hbox{$\scriptstyle\triangleright$}}}_D \tilde{a}$, was wegen Lemma 3.20 die Aussage $a' \blacktriangleright_D \tilde{a}$ impliziert, sofern $\tilde{a}, a' \notin \{a_1, a_2\}$ ist.

Zur Betrachtung der anderen Fälle sei $a' \in A \setminus \{a_1, a_2\}$. Wegen $a_1 \mathrel{\vcenter{\hbox{$\scriptstyle\triangleright$}}}_D a_2$ folgt aus Lemma 3.19 die Aussage $a_1 \blacktriangleright_D a'$, also die globale Entscheidungseigenschaft für a_1 gegen a'. Daraus folgt wie oben wieder $a_1 \mathrel{\vcenter{\hbox{$\scriptstyle\triangleright$}}}_D a'$, woraus sich die Aussage $a_1 \blacktriangleright_D a_2$ ergibt, wenn wir wiederum Lemma 3.19 (diesmal mit vertauschten Rollen von a_2 und a') anwenden.

Die jetzt noch fehlende globale Entscheidungseigenschaft $a' \blacktriangleright_D a_2$ mit $a' \neq a_1$ schließlich folgt aus der Voraussetzung $a_1 \mathrel{\vcenter{\hbox{$\scriptstyle\triangleright$}}}_D a_2$ mit Lemma 3.20. $\square$

Lemma 3.22 *Sei C ein unabhängiges (n,q)-Entscheidungsverfahren mit $q \geq 3$, das die Pareto-Bedingung erfüllt, und sei D eine entscheidende Teilmenge von K. Zerlegt man die Menge D in zwei disjunkte Teilmengen D' und D'', d. h. ist D' eine beliebige Teilmenge von D und $D'' = D \setminus D'$, dann ist entweder D' oder D'' entscheidend.*

Beweis Wir betrachten das Profil P^* mit Prioritätenlisten p_j, die definiert sind durch

$$
p_j = \begin{cases}
(a_1, a_2, a_3, \ldots) & \text{für } j \in D', \\
(a_2, a_3, a_1, \ldots) & \text{für } j \in D'', \\
(a_3, a_1, a_2, \ldots) & \text{für } j \in K \setminus D,
\end{cases}
$$

wobei wir die Notation wieder wie im Beweis von Lemma 3.19 verstehen wollen. Weil D entscheidend ist, können höchstens die Alternativen a_1 und a_2 Sieger werden, denn alle anderen Alternativen werden in den Prioritätenlisten von D durch a_2 dominiert. Mögliche Siegermengen sind also $\{a_1\}$, $\{a_2\}$ und $\{a_1, a_2\}$. Jetzt sind zwei Fälle zu unterscheiden:

1. Wenn a_1 (entweder allein oder gemeinsam mit a_2) Wahlsieger ist, dann betrachten wir ein beliebiges Profil P, dessen Restriktion auf die Alternativen a_1 und a_3 mit der entsprechenden Restriktion von P^* übereinstimmt. Wegen der Unabhängigkeit von C folgt aus $a_3 \notin C(P^*)$ die Aussage $a_3 \notin C(P)$. Nun ist aber gerade in den Prioritätenlisten aus D' die Alternative a_1 vor a_3 angeordnet; in den anderen Listen ist es umgekehrt. Damit ist D' lokal entscheidend für a_1 im Vergleich mit a_3. Nach Lemma 3.21 ist D' also entscheidend.

2. Im anderen Fall ist $a_1 \notin C(P^*)$, also $C(P^*) = \{a_2\}$. Dann betrachten wir beliebige Profile P mit $P_{|\{a_1,a_2\}} = P^*_{|\{a_1,a_2\}}$. Aus der Unabhängigkeit erhalten wir für diese Profile $a_1 \notin C(P)$. Analog wie oben erkennen wir damit, dass D'' lokal entscheidend für a_2 gegen a_1 und somit nach Lemma 3.21 sogar entscheidend ist. $\square$

Beweis von Satz 3.17 Die Richtung „$\Leftarrow$" der behaupteten Äquivalenz ergibt sich sofort aus Lemma 3.16.

Für die umgekehrte Richtung stellen wir zunächst fest, dass es wegen Satz 3.15 eine entscheidende Menge D_0 gibt, nämlich K selbst. Wir konstruieren dann eine Folge D_j ($j = 1, 2, \ldots$) von entscheidenden Mengen gemäß der folgenden Idee: Für $j = 1, 2, \ldots$ wählen wir ein beliebiges $a_j \in D_{j-1}$ und definieren $D'_{j-1} := \{a_j\}$ und $D''_{j-1} = D_{j-1} \setminus \{a_j\}$. Nach Lemma 3.22 ist eine dieser beiden Mengen entscheidend. Diese entscheidende Menge bezeichnen wir mit D_j. Offensichtlich gilt für jedes j die strikte Inklusion $D_j \subsetneq D_{j-1}$. Da die Menge $D_0 = K$ endlich ist, erreichen wir für ein gewisses j^* eine einelementige Menge D_{j^*}. An dieser Stelle beenden wir die Iteration. Wir haben damit eine einelementige entscheidende Menge gefunden, also ist das Verfahren diktatorisch. $\square$

Die Ergebnisse dieses Abschnitts lassen sich auf Ranglistenverfahren übertragen. Hierzu müssen wir zunächst die genutzten Konzepte entsprechend anpassen.

Definition 3.16 Sei R ein Ranglistenverfahren zur Kriterienmenge K und zur Alternativenmenge A. Das Verfahren R heißt *diktatorisch*, wenn es ein Kriterium j so gibt, dass für alle Profile P die Rangfolge $R(P)$ mit der Prioritätenliste dieses Kriteriums übereinstimmt.

Definition 3.17 Ein Ranglistenverfahren R heißt *unabhängig (von den irrelevanten) Alternativen* (oder *IIA-Verfahren*), wenn für alle $a, \tilde{a} \in A$ und alle Profile P und P' mit $P_{|\{a,\tilde{a}\}} = P'_{|\{a,\tilde{a}\}}$ die Aussage

$$(a, \tilde{a}) \in R(P) \Leftrightarrow (a, \tilde{a}) \in R(P')$$

gilt.

Bemerkung 3.23 Im Kontext der Ranglistenverfahren bedeutet Unabhängigkeit also, dass die Reihenfolge zweier Alternativen in der gemeinschaftlichen Beurteilung aller Kriterien nicht davon abhängt, wie die Kriterien die übrigen Alternativen einordnen.

Damit können wir den Satz von Arrow auch für Ranglistenverfahren formulieren:

Satz 3.23 (Arrow) *Ein Ranglistenverfahren zur Kriterienmenge K und zur Alternativenmenge A mit $|A| \geq 3$, das die Pareto-Bedingung erfüllt, ist genau dann unabhängig, wenn es diktatorisch ist.*

Für den Beweis benötigen wir noch zwei Begriffe und einige Hilfssätze.

Definition 3.18

(a) Eine Alternative heißt *polarisierend* bezüglich eines Profils P, wenn sie in jeder der Prioritätenlisten von P entweder auf dem ersten oder auf dem letzten Platz steht.

(b) Ein Ranglistenverfahren heißt *polarisierungserhaltend*, wenn für jedes Profil P, das eine polarisierende Alternative besitzt, diese Alternative entweder eindeutig auf dem ersten oder eindeutig auf dem letzten Platz eingeordnet wird.

Im Zusammenhang mit dem Begriff der polarisierenden Alternative erinnern wir uns an den Kandidaten Ventura aus Beispiel 1.1.

Lemma 3.24 *Diktatorische Ranglistenverfahren sind unabhängig.*

Beweis Gegeben seien zwei beliebige Alternativen a und $\tilde{a}$ und zwei Profile P und P' mit $P_{|\{a,\tilde{a}\}} = P'_{|\{a,\tilde{a}\}}$. Das Kriterium j sei der Diktator. Die Aussage $(a,\tilde{a}) \in R(P)$ gilt dann wegen der Diktatur genau dann, wenn $a \succ_j \tilde{a}$ gilt, und dies ist wegen der Beziehung zwischen P und P' wiederum äquivalent zu $(a,\tilde{a}) \in R(P')$. $\square$

Lemma 3.25 *Ein unabhängiges Ranglistenverfahren R, das der Pareto-Bedingung genügt, ist polarisierungserhaltend.*

Beweis Wir führen den Beweis indirekt, d. h. wir nehmen an, dass die Alternative $\tilde{a}$ im Profil P polarisierend sei, aber weder eindeutiger Sieger noch eindeutiger Letzter. Dann gibt es eine Alternative a^*, die nicht schlechter ist als $\tilde{a}$ (denn sonst wäre $\tilde{a}$ eindeutiger Sieger) und eine Alternative a', die nicht besser ist als $\tilde{a}$ (denn sonst wäre $\tilde{a}$ eindeutiger Letzter); in Formeln dargestellt heißt das $(a',\tilde{a}) \notin R(P)$ und $(\tilde{a},a^*) \notin R(P)$. In jeder einzelnen Prioritätenliste von P steht $\tilde{a}$ an einem der Enden, d. h. für alle j gilt $\tilde{a} \succ_j a'$ genau dann, wenn $\tilde{a} \succ_j a^*$ gilt. Wäre nun a^* in der Rangliste $R(P)$ echt besser als $\tilde{a}$, so müsste wegen dieser Äquivalenz und der Unabhängigkeit auch a' echt besser sein als $\tilde{a}$. Wir wissen aber aus der Konstruktion von a', dass dies nicht der Fall ist. Also müssen a^* und $\tilde{a}$ in der Rangliste $R(P)$ auf dem gleichen Platz eingeordnet sein. Eine weitere Anwendung dieses Gedankens zeigt, dass a' ebenfalls auf diesem Platz stehen muss.

Jetzt konstruieren wir aus P ein neues Profil P'. Hierbei lassen wir die Position von $\tilde{a}$ in jeder Prioritätenliste unverändert, verschieben jedoch a' und a^* so, dass nun a' überall vor a^* steht. Da wir an keiner Stelle $\tilde{a}$ gegen a' vertauscht haben, müssen diese beiden Alternativen wegen der Unabhängigkeit in $R(P')$ genauso angeordnet sein wie in $R(P)$, also auf dem gleichen Platz stehen. Ebenso müssen auch $\tilde{a}$ und a^* in $R(P')$ auf dem gleichen Platz stehen; daher stehen auch a' und a^* in $R(P)$ auf dem gleichen Platz. Dies kann aber nicht sein, denn a' ist in jeder Prioritätenliste von P' vor a^* angeordnet und muss daher wegen der Pareto-Eigenschaft auch in $R(P')$ vor a^* liegen. Damit ist der gewünschte Widerspruch erreicht. $\square$

Beweis von Satz 3.23 Die Richtung „$\Leftarrow$" der Behauptung folgt aus Lemma 3.24.

Für die umgekehrte Richtung wählen wir eine beliebige Alternative a und konstruieren ein Profil P_0 so, dass a in jeder Prioritätenliste auf dem letzten Platz steht. Wegen der Pareto-Eingeschaft ist a dann auch in $R(P_0)$ eindeutiger Letztplatzierter. Dann verschaffen wir uns für $j = 1, 2, \ldots, n$ uns aus P_{j-1} das Profil P_j, indem wir a in der Prioritätenliste des Kriteriums j auf den ersten Platz setzen und alle anderen Alternativen einen Platz nach hinten verschieben. Das bedeutet, dass am Ende dieses Prozesses ($j = n$) die Alternative a in allen Prioritätenlisten auf dem ersten Platz steht und somit wegen der Pareto-Eigenschaft eindeutiger Sieger ist. Außerdem ist a in jedem Zwischenschritt, also bezüglich der Profile $P_1, P_2, \ldots, P_{n-1}$, polarisierend, und wegen Lemma 3.25 ist a daher auch immer eindeutiger Erster oder eindeutiger Letzter. Folglich gibt es einen Übergang vom Profil P_{k-1} zu P_k, bei dem a erstmals vom letzten auf den ersten Platz der Rangliste springt. Diese beiden Profile unterscheiden sich nur in der Prioritätenliste des Kriteriums k. Wir werden nun zeigen, dass dieses Kriterium Diktator ist.

Zu diesem Zweck wählen wir zwei Alternativen a' und a^*, die voneinander und von a verschieden sind, und nehmen ohne Beschränkung der Allgemeinheit $a^* \succ_k a'$ an. Dann erzeugen wir das Profil P_k' aus P_k, indem wir in der Prioritätenliste des Kriteriums k die Alternative a vom ersten Platz so weit nach hinten verschieben, dass sie hinter a^*, aber noch vor a' liegt. Dabei werden die nunmehr vor a liegenden Alternativen einfach einen Platz nach vorne verschoben; die Reihenfolge dieser Alternativen untereinander bleibt unverändert. Auch die hinter a liegenden Alternativen bleiben auf ihren Positionen. Alle anderen Prioritätenlisten von P_k werden ebenfalls nicht modifiziert. Im Profil P_k' ist damit a in den Prioritätenlisten 1 bis $k-1$ vor a^* und in den übrigen Prioritätenlisten hinter a^* eingeordnet. Die gleiche Beobachtung können wir beim Profil P_{k-1} machen, und wegen der Unabhängigkeit muss dann die Reihenfolge von a und a^* in $R(P_k')$ mit derjenigen in $R(P_{k-1})$ übereinstimmen. In der letztgenannten Rangliste war a aber letztplatziert, also hinter a^* eingeordnet, und somit gilt auch $(a^*, a) \in R(P_k')$. Analog können wir über einen Vergleich von P_k' mit P_k feststellen, dass a in $R(P_k')$ besser als a' einsortiert sein muss. Wegen der Transitivität von $R(P_k')$ folgt $(a^*, a') \in R(P_k')$, d. h. die Anordnung von a^* und a' in $R(P_k')$ stimmt mit der Anordnung dieser beiden Alternativen in der k-ten Prioritätenliste überein.

Es folgt, dass nur Kriterium k dafür ausschlaggebend ist, wie das Verfahren R die Alternativen $a', a^* \neq a$ in der Rangliste anordnet. Wir müssen nun zeigen, dass dieses Kriterium auch das einzig ausschlaggebende ist, wenn eine der beiden in den Vergleich einbezogenen Alternativen mit a übereinstimmt. Wir vergleichen daher a mit $\widehat{a}$ und verschaffen uns zu diesem Zweck noch ein a'', das weder mit a noch mit $\widehat{a}$ übereinstimmt. Dann erinnern wir uns daran, dass in unserer obigen Überlegung a völlig beliebig war. Wir können daher die gleiche Argumentation nun für a'' statt a anwenden und kommen zu dem Ergebnis, dass es auch ein Kriterium k' geben muss, das jeden Vergleich entscheidet, an dem a'' nicht beteiligt ist. Dies gilt insbesondere für den Vergleich von a mit $\widehat{a}$. Eine Betrachtung der Profile P_{k-1} und P_k zeigt aber folgende Eigenschaften:

- In $R(P_{k-1})$ ist a auf dem eindeutigen letzten Platz, also schlechter als $\widehat{a}$.
- In $R(P_k)$ ist a auf dem eindeutigen ersten Platz, also besser als $\widehat{a}$.
- Beim Übergang von P_{k-1} zu P_k hat nur das Kriterium k seine Prioritätenliste geändert.

Also hat das Kriterium k einen Einfluss auf die Positionierung von a im Vergleich zu $\widehat{a}$, und weil es überhaupt nur ein Kriterium gibt, das sich hierauf auswirkt, nämlich k', muss $k = k'$ gelten.

Zusammenfassend ist Kriterium k daher das einzige Kriterium, das beeinflusst, welche Reihenfolge in $R(P)$ festgelegt wird, und ist somit Diktator. $\square$

3.5 Änderungen der Alternativenmenge

In den vorigen Abschnitten hatten wir uns hauptsächlich damit befasst, wie es sich auf das Ergebnis eines Entscheidungsverfahrens auswirkt, wenn die Prioritätenlisten geändert werden. Zumindest sporadisch hatten wir auch betrachtet, welche Konsequenzen sich ergeben, wenn Kriterien (Wähler) hinzukommen oder wegfallen. In diesem Abschnitt wollen wir uns nun mit der Frage befassen, was passiert, wenn sich an den zur Wahl stehenden Alternativen etwas ändert. Weitergehende Aussagen zu diesem Themenkreis findet man im Übersichtsartikel von Moulin [4].

Die Grundsituation soll dabei so aussehen, dass eine Alternativenmenge A zur Verfügung steht, die wir uns als sehr groß vorstellen wollen, und dass verschiedene Teilmengen $A_1, A_2, \ldots$ von A gegeben sind. Weiterhin gebe es wie üblich eine Kriterienmenge $K = \{1, 2, \ldots, n\}$ und ein fest gewähltes Entscheidungsverfahren C. Untersuchen wollen wir dann, welche Siegermengen dieses Verfahren ermittelt, wenn eine Entscheidung nicht unter allen $a \in A$, sondern nur unter den $a \in A_j$ $(j = 1, 2, \ldots)$ getroffen werden soll, und wie sich gewisse Änderungen beim Wechsel von A_j zu $A_{j'}$ auf das Ergebnis auswirken. Präziser formuliert gehen wir also aus von einem fest gewählten (K, A)-Profil P mit Prioritätenlisten $p_1, p_2, \ldots, p_n$ und interessieren uns konkret für die Restriktionen dieses Profils auf die Teilmengen A_j und die sich daraus ergebenden Siegermengen unseres Entscheidungsverfahrens C. Diese Idee führt auf folgende Begriffsbildung:

Definition 3.19 Gegeben seien eine Alternativenmenge A, eine Kriterienmenge K, ein zugehöriges (K, A)-Profil P und ein Entscheidungsverfahren C. Die Abbildung $S_C : \mathcal{P}(A) \setminus \{\emptyset\} \to \mathcal{P}(A) \setminus \{\emptyset\}$ mit $S_C(A') = C(P_{|A'})$ heißt *Selektion* des Entscheidungsverfahrens C zum Profil P.

Die Selektion S_C nimmt also eine nichtleere Teilmenge A' der Alternativenmenge A als Eingabe, bestimmt dann die Restriktion des Profils P auf diese Teilmenge A', wendet das Entscheidungsverfahren C auf das so entstandene Profil an und gibt den oder die Wahlsieger aus.

Bemerkung 3.24 Der Begriff der Selektion wird auch außerhalb dieses Themenkreises benutzt. Im allgemeinen Fall versteht man darunter eine Abbildung $S : \mathcal{P}(X) \rightarrow \mathcal{P}(X)$ mit einer beliebigen endlichen Menge X, die die beiden Eigenschaften

$$S(Y) \subseteq Y \text{ für alle } Y \subseteq X \quad \text{und} \quad [S(Y) = \emptyset \Leftrightarrow Y = \emptyset] \tag{3.1}$$

besitzt. Eine Selektion hat also eine Menge als Eingabewert und gibt eine Teilmenge dieser Menge aus. Es ist evident, dass unsere Selektion aus Definition 3.19 genau diese Eigenschaft hat, wobei wir jedoch wegen der speziellen Natur unseres Anwendungsfalls die Möglichkeit ausgeschlossen haben, dass die leere Menge eingegeben wird, denn als Alternativenmenge eines Entscheidungsverfahrens ist die leere Menge sinnlos. Aufgrund der zweiten Eigenschaft aus (3.1) kommt damit die leere Menge auch als Ergebnis der Selektion nicht infrage, was sich mit unserer allgemeinen Forderung deckt, dass jedes Entscheidungsverfahren in jeder Situation immer mindestens einen Sieger ermitteln soll.

Bemerkung 3.25 Auch wenn die Notation S_C dies nicht explizit erkennen lässt, so hängen die Eigenschaften einer Selektion nicht nur vom zugrunde liegenden Entscheidungsverfahren C ab, sondern auch vom verwendeten Profil P. Hat die Selektion eines Entscheidungsverfahrens jedoch eine gewisse Eigenschaft für jedes beliebige Profil P, so sagt man kurz, dass das Entscheidungsverfahren selbst diese Eigenschaft hat.

Zunächst wollen wir uns mit Forderungen befassen, die das Verhalten der Selektion beschreiben, wenn die Alternativenmenge kleiner wird. Wir erinnern uns dabei an Beispiel 1.2. Die dortige Konstellation umfasste drei Kandidaten, bei denen mit dem Verfahren der einfachen Mehrheit ein Wahlsieger bestimmt wurde. Wurde jedoch einer der Wahlverlierer aus der Kandidatenliste gestrichen, so ergab sich, dass der ursprüngliche Wahlsieger nicht Sieger blieb. Wenn man derartige Effekte vermeiden möchte, muss man die folgendermaßen formalisierte Forderung stellen.

Definition 3.20 Eine Selektion S_C genügt dem *Axiom von Chernoff*, wenn für alle $A'' \subseteq A' \subseteq A$ die Aussage $S_C(A') \cap A'' \subseteq S_C(A'')$ gilt.

Geht man also von einer großen Alternativenmenge A' aus und betrachtet einen zugehörigen Wahlsieger a^*, so besagt das Axiom von Chernoff, dass a^* auch Wahlsieger bleiben soll, wenn wir zur kleineren Alternativenmenge A'' übergehen, sofern a^* noch wählbar ist (d. h. sofern a^* auch in dieser kleineren Menge liegt).

Lemma 3.26 *Eine Selektion S_C, die dem Axiom von Chernoff genügt, ist* idempotent, *d. h. für alle $A' \subseteq A$ gilt $S_C(S_C(A')) = S_C(A')$.*

Die Idempotenz bedeutet also: Wenn wir die Wahlsieger bezüglich einer gegebenen Alternativenmenge bestimmen und anschließend eine neue Wahl durchführen, bei der nur die Sieger der ersten Wahl kandidieren, dann werden alle diese Kandidaten Sieger der zweiten Wahl sein.

Beweis Nach Konstruktion ist $S_C(A') \subseteq A'$. Wir können die im Axiom von Chernoff beschriebene Eigenschaft also insbesondere mit $A'' = S_C(A')$ anwenden und kommen zu $S_C(A') \subseteq S_C(A'')$. Andererseits gilt nach Definition der Selektion aber auch $S_C(A'') \subseteq A'' = S_C(A')$. Also müssen die beiden Mengen gleich sein.   □

Bemerkung 3.26 Wie einleitend bereits bemerkt, ergibt sich aus Beispiel 1.2, dass das Verfahren der einfachen Mehrheit für das dortige Profil auf eine Selektion führt, die das Axiom von Chernoff verletzt.

Ähnlich wie sich das Axiom von Chernoff mit der Rolle der Sieger befasst, kann man auch eine Forderung an die Verlierer stellen:

Definition 3.21 Eine Selektion S_C genügt dem *Axiom von Borda*, wenn für alle $\emptyset \neq A'' \subseteq A' \subseteq A$ mit $S_C(A') \cap A'' \neq \emptyset$ die Aussage $S_C(A'') \subseteq S_C(A')$ gilt.

Die Selektion S_C genügt dem *Axiom von Arrow*, wenn sie sowohl dem Axiom von Chernoff als auch dem Axiom von Borda genügt.

Bemerkung 3.27

(a) Wir gehen beim Borda-Axiom wiederum von einer großen Alternativenmenge A' aus und betrachten eine Teilmenge A'' von A', die noch mindestens einen Wahlsieger bezüglich A' enthält. Dann sollen alle Sieger bezüglich der Alternativenmenge A'' auch Sieger bezüglich A' sein. Anders ausgedrückt heißt das, dass ein Nicht-Sieger bezüglich der großen Menge A' nicht zum Sieger bezüglich der kleineren Menge A'' werden kann, solange in der kleineren Menge noch mindestens ein Sieger der großen Menge enthalten ist.

(b) Das Arrow-Axiom stellt demzufolge insbesondere sicher, dass sich die Siegermenge nicht ändert, wenn Nicht-Sieger aus der Menge der Alternativen gestrichen werden, denn wegen des Chernoff-Axioms kann in diesem Fall kein ursprünglicher Sieger aus der Siegermenge herausfallen, und nach dem Borda-Axiom kann auch kein ursprünglicher Nicht-Sieger hinzukommen.

Beispiel 3.19 Das Entscheidungsverfahren C sei definiert durch $C(P) = \{a \in A : \phi_1(P, a) > 0\}$, d.h. es werden alle Alternativen zu Siegern erklärt, die bezüglich mindestens eines Kriteriums auf dem ersten Platz stehen. Die zugehörige Selektion S_C erfüllt für jedes Profil P das Axiom von Chernoff, aber nicht das Axiom von Borda.

Beispiel 3.20 Wir betrachten das Profil P mit

Kriterien	Prioritätenliste
1, 2, 3	(Alice, Bob, Carol, Dave)
4, 5	(Bob, Carol, Alice, Dave)

Das Borda-Verfahren erklärt hier Bob mit 12 Punkten zum Sieger vor Alice mit 11 Punkten, Carol (7 Punkte) und Dave (0 Punkte). Wenn die Nicht-Siegerin Carol nun ihre Kandidatur zurückzieht, ergibt sich als Resultat die Reihenfolge Alice (8 Punkte), Bob (7 Punkte) und Dave (0 Punkte). Obwohl der vormalige Sieger Bob noch zur Wahl steht, gewinnt nun die ursprüngliche Nicht-Siegerin Alice. Anders als durch die Namensgebung angedeutet erfüllt also auch das Borda-Verfahren das Borda-Axiom nicht. Da Bob seinen Siegerstatus verliert, wird das Axiom von Chernoff ebenfalls verletzt.

Satz 3.27 *Sei $|A| \geq 3$ und sei C ein Entscheidungsverfahren, das die Pareto-Bedingung erfüllt. Wenn die zugehörige Selektion S_C dem Axiom von Arrow genügt, ist C diktatorisch.*

Beweis Die Gültigkeit des Arrow-Axioms impliziert unmittelbar die Unabhängigkeit des Entscheidungsverfahrens (vgl. Definition 3.6). Der Satz von Arrow (Satz 3.17) liefert dann die Existenz eines Diktators. $\square$

Definition 3.22 Eine Selektion S_C genügt dem *Axiom von Aizerman*, wenn für alle $A', A'' \subseteq A$ mit $S_C(A') \subseteq A'' \subseteq A'$ die Aussage $S_C(A'') \subseteq S_C(A')$ gilt.

Bemerkung 3.28 Dieses Axiom ist dem Borda-Axiom ähnlich: Ein Nicht-Sieger bezüglich der großen Menge A' kann nicht zum Sieger bezüglich der kleineren Menge A'' werden, solange die kleinere Menge nur durch Entfernen von Nicht-Siegern aus der größeren Menge entsteht.

Es folgt, dass jede Selektion, die dem Borda-Axiom genügt, auch das Aizerman-Axiom erfüllt.

Bemerkung 3.29 Für das Profil aus Beispiel 1.2 erkennen wir aus den dort angestellten Überlegungen, dass die zum Verfahren der einfachen Mehrheit gehörige Selektion auch den Axiomen von Borda und Aizerman nicht genügt.

Für den Fall einer idempotenten Selektion können wir das Axiom von Aizerman umformulieren.

Lemma 3.28 *Eine idempotente Selektion S_C genügt dem Axiom von Aizerman genau dann, wenn für alle $A', A'' \subseteq A$ mit $S_C(A') \subseteq A'' \subseteq A'$ die Aussage $S_C(A'') = S_C(A')$ gilt.*

Beweis Die Richtung „$\Leftarrow$" ist offensichtlich. Für den Beweis der anderen Richtung seien nun $A', A'' \subseteq A$ so gewählt, dass $S_C(A') \subseteq A'' \subseteq A'$ gilt. Wegen des Axioms von Aizerman folgt dann

$$S_C(A'') \subseteq S_C(A') \subseteq A''. \tag{3.2}$$

Setzen wir nun $B_1 = A''$ und $B_2 = S_C(A')$, so gilt

$$\begin{aligned} S_C(B_1) &= S_C(A'') && \text{(nach Definition von } B_1) \\ &\subseteq S_C(A') = B_2 \subseteq A'' && \text{(wegen (3.2) und der Definition von } B_2) \\ &= B_1, \end{aligned}$$

also insbesondere $S_C(B_1) \subseteq B_2 \subseteq B_1$. Hier können wir wiederum das Aizerman-Axiom anwenden und erhalten $S_C(B_2) \subseteq S_C(B_1)$. Setzen wir in diese Beziehung die Definitionen von B_1 und B_2 ein, so erhalten wir

$$S_C(S_C(A')) = S_C(B_2) \subseteq S_C(B_1) = S_C(A'').$$

Aufgrund der Idempotenz von S_C ist der Ausdruck auf der linken Seite dieser Beziehung aber gerade $S_C(A')$. Zusammen mit (3.2) ergibt sich dann $S_C(A') = S_C(A'')$ wie gefordert. $\qquad\square$

Die nächste Forderung befasst sich nicht mehr mit der Verkleinerung der Alternativenmenge, sondern mit ihrer Vergrößerung.

Definition 3.23 Eine Selektion S_C genügt dem *Ausdehnungsaxiom*, wenn für alle $A', A'' \subseteq A$ die Aussage $S(A') \cap S(A'') \subseteq S(A' \cup A'')$ gilt.

Dieses Axiom können wir wie folgt interpretieren: Ist eine Alternative a^* Wahlsieger bezüglich jeder der beiden Alternativenmengen A' und A'', so ist sie auch Wahlsieger bezüglich der Vereinigung dieser Mengen, d. h. auch wenn die Gegenkandidaten aus beiden Mengen gegen a^* antreten, schaffen sie es nicht, a^* den Sieg zu nehmen.
Diese Eigenschaft hängt mit den zuvor behandelten zusammen:

Lemma 3.29 *Eine Selektion S_C, die dem Axiom von Borda genügt, erfüllt auch das Ausdehnungsaxiom.*

Beweis Seien $B', B'' \subseteq A$. Dann hat $S_C(B' \cup B'')$ mit mindestens einer der Mengen B' und B'' einen nichtleeren Durchschnitt; ohne Beschränkung der Allgemeinheit nehmen wir an, dass dies für B' der Fall ist. Dann können wir das Axiom von Borda mit $A'' = B'$ und $A' = B' \cup B''$ anwenden und kommen zu $S_C(B') \subseteq S_C(B' \cup B'')$. Damit folgt aber insbesondere $S_C(B') \cap S_C(B'') \subseteq S_C(B') \subseteq S_C(B' \cup B'')$. $\qquad\square$

Wir beenden dieses Kapitel mit einer letzten Charakterisierung.

Satz 3.30 *Sei S_C eine Selektion. Die folgenden Eigenschaften sind zueinander äquivalent:*

(a) S_C genügt den Axiomen von Chernoff und Aizerman.
(b) Für alle $A', A'' \subseteq A$ gilt $S_C(A' \cup A'') = S_C(S_C(A') \cup A'')$.
(c) Für alle $A', A'' \subseteq A$ gilt $S_C(A' \cup A'') = S_C(S_C(A') \cup S_C(A''))$.
(d) Für alle $A_j \subseteq A$ ($j = 1, 2, \ldots, N$) gilt $S_C(\bigcup_{j=1}^{N} A_j) = S_C(\bigcup_{j=1}^{N} S_C(A_j))$.

Bemerkung 3.30 Die Eigenschaft (b) des Satzes 3.30 kann man ausnutzen, um für eine Alternativenmenge $B = \{b_1, b_2, \ldots, b_q\}$ das Wahlergebnis $S_C(B)$ iterativ zu berechnen: Man beginnt mit $B_2 := S_C(\{b_1, b_2\})$, setzt dann für $j = 3, 4, \ldots, q$ gemäß $B_j := S_C(B_{j-1} \cup \{b_j\})$ fort und erhält schließlich $S_C(B) = B_q$, d. h. man beginnt mit einer zweielementigen Teilmenge von B, bestimmt die zugehörigen Sieger, nimmt dann zur Siegermenge das nächste Element von B hinzu, bestimmt wiederum die Sieger usw., bis alle Elemente von B eingefügt sind. Da dieser Prozess von der Reihenfolge der Nummerierung der zur Verfügung stehenden Alternativen (also von dem Weg, auf dem man die Menge B durchläuft) unabhängig ist, bezeichnet man die Eigenschaft (b) des Satzes auch als *Pfadunabhängigkeit* der Selektion S_C.

Beweis von Satz 3.30 Die Aussage (c) ist nur der Spezialfall $N = 2$ von (d).

Für den Beweis, dass (d) aus (b) folgt, schreiben wir

$$S_C\left(\bigcup_{j=1}^{N} A_j\right) = S_C\left(A_1 \cup \left[\bigcup_{j=2}^{N} A_j\right]\right)$$

$$= S_C\left(S_C(A_1) \cup \left[\bigcup_{j=2}^{N} A_j\right]\right) \qquad \text{(wegen (b))}$$

$$= S_C\left(A_2 \cup \left[S_C(A_1) \cup \left(\bigcup_{j=3}^{N} A_j\right)\right]\right)$$

$$= S_C\left(S_C(A_2) \cup \left[S_C(A_1) \cup \left(\bigcup_{j=3}^{N} A_j\right)\right]\right) \qquad \text{(wegen (b))}$$

$$= S_C\left(A_3 \cup \left[\left(\bigcup_{j=1}^{2} S_C(A_j)\right) \cup \left(\bigcup_{j=4}^{N} A_j\right)\right]\right)$$

$$= \ldots = S_C\left(\bigcup_{j=1}^{N} S_C(A_j)\right).$$

Dass aus (c) die Aussage (b) folgt, sieht man wie folgt: Wählen wir speziell $A' = A''$, so impliziert (c) für alle $A' \subseteq A$ die Gleichung $S_C(A') = S_C(S_C(A'))$, also die Idempotenz von S_C. Damit erhalten wir für beliebige $A', A'' \subseteq A$ die Aussage

$$S_C(S_C(A') \cup A'') = S_C(S_C(S_C(A')) \cup S_C(A'')) \qquad \text{(wegen (c))}$$
$$= S_C(S_C(A') \cup S_C(A'')) \qquad \text{(wegen der Idempotenz)}$$
$$= S_C(A' \cup A'') \qquad \text{(wiederum wegen (c))},$$

also gilt (b).

Somit ist gezeigt, dass die Aussagen (b), (c) und (d) zueinander äquivalent sind.

Wir zeigen dann die Implikation (b) $\Rightarrow$ (a). Dazu seien $B'' \subseteq B' \subseteq A$ beliebig gegeben. Für den Fall $B'' = B'$ ist die Aussage $S_C(B') \cap B'' \subseteq S_C(B'')$ dann trivialerweise richtig.

Im anderen Fall $B'' \neq B'$ setzen wir $B_1 = B''$ und $B_2 = B' \setminus B''$ und wenden Eigenschaft (b) an; es folgt dann $S_C(B') = S_C(B_1 \cup B_2) = S_C(S_C(B_1) \cup B_2) \subseteq S_C(B_1) \cup B_2 = S_C(B'') \cup (B' \setminus B'')$. Ein elementares mengentheoretisches Argument liefert daraus auch in diesem Fall die Aussage

$$S_C(B') \cap B'' \subseteq \big(S_C(B'') \cup (B' \setminus B'')\big) \cap B''$$
$$= \big(S_C(B'') \cap B''\big) \cup \big((B' \setminus B'') \cap B''\big) = S_C(B'') \cup \emptyset = S_C(B'').$$

Damit ist die Gültigkeit des Chernoff-Axioms gezeigt.

Um (a) zu vervollständigen, ist nun noch das Aizerman-Axiom nachzuweisen. Hierzu seien $B', B'' \subseteq A$ so gewählt, dass $S_C(B') \subseteq B'' \subseteq B'$ gilt. Dann gilt speziell $S_C(B') = S_C(B') \cap B''$, und das bereits bewiesene Chernoff-Axiom liefert unter unseren Annahmen die Aussage

$$S_C(B') = S_C(B') \cap B'' \subseteq S_C(B''). \tag{3.3}$$

Nach Voraussetzung gilt (b), also auch (c), und daher folgt

$$\begin{aligned} S_C(B') &= S_C(B' \cup B'') && \text{(wegen } B'' \subseteq B') \\ &= S_C(S_C(B') \cup S_C(B'')) && \text{(wegen (c))} \\ &= S_C(S_C(B'')) && \text{(wegen (3.3))} \\ &= S_C(B'') && \text{(wegen der Idempotenz von } S_C), \end{aligned}$$

wobei die Idempotenz von S_C nach Lemma 3.26 aus der bereits bewiesenen Chernoff-Eigenschaft folgt. Diese Gleichungskette zeigt dann die Gültigkeit des Aizerman-Axioms.

Zum Abschluss müssen wir noch die Implikation (a) $\Rightarrow$ (c) zeigen. Zu diesem Zweck wählen wir $D_1, D_2 \subseteq A$ beliebig. Um Eigenschaft (c) nachzuweisen, müssen wir die Aussage $S_C(D_1 \cup D_2) = S_C(S_C(D_1) \cup S_C(D_2))$ zeigen. Hierzu setzen wir $D^* = D_1 \cup D_2$. Offensichtlich gilt dann $D_j \subseteq D^*$ für $j = 1, 2$. Wegen der Chernoff-Eigenschaft folgern wir für $j = 1, 2$ zunächst $S_C(D^*) \cap D_j \subseteq S_C(D_j)$. Daraus lässt sich mit einer allgemeinen mengentheoretischen Argumentation

$$\begin{aligned} S_C(D_1 \cup D_2) &= S_C(D^*) = S_C(D^*) \cap D^* = S_C(D^*) \cap (D_1 \cup D_2) \\ &= (S_C(D^*) \cap D_1) \cup (S_C(D^*) \cap D_2) \\ &\subseteq S_C(D_1) \cup S_C(D_2) \subseteq D_1 \cup D_2 = D^* \end{aligned}$$

schließen. Aus dieser Inklusionskette folgt mit $D'' := S_C(D_1) \cup S_C(D_2)$ insbesondere $S_C(D^*) \subseteq D'' \subseteq D^*$. Wegen der Idempotenz von S_C dürfen wir nun das Aizerman-Axiom in der Form anwenden, die in Lemma 3.28 genannt ist, und erhalten $S_C(D^*) = S_C(D'')$, also wie gefordert

$$S_C(D_1 \cup D_2) = S_C(S_C(D_1) \cup S_C(D_2)). \qquad \square$$

Literatur

1. Bouyssou, D., Marchant, T., Pirlot, M., Perny, P., Tsoukias, A., Vincke, P.: Evaluations and De-cision Models: A Critical Perspective. Kluwer, Boston (2000)

2. de Condorcet, M. J. A. N.: Essai sur l'application de l'analyse a la probabilité des décisions rendues a la pluralité des voix. Imprimerie Royale, Paris (1785)

3. Hodge, J. K., Klima, R. E.: The Mathematics of Voting and Elections: A Hands-On Approach. Amer. Math. Soc., Providence (2005)

4. Moulin, H.: Choice Functions Over a Finite Set: A Summary. Social Choice and Welfare **2**, 147–160 (1985)

5. Moulin, H.: Condorcet's Principle Implies the No Show Paradox. J. Economic Theory **45**, 53–64 (1988)

6. Richelson, J. T.: A Comparative Analysis of Social Choice Functions. Part I: Behavioral Science **20**, 331–337 (1975); Part II: Behavioral Science **23**, 38–44 (1978); Part III: Behavioral Science **23**, 169–176 (1978); Part IV: Behavioral Science **26**, 346–353 (1981)

7. Saari, D. G.: Basic Geometry of Voting. Springer, New York (1995)

8. Tangian, A.: Mathematical Theory of Democracy. Springer, Berlin (2014)

9. Young, H. P.: Social Choice Scoring Functions. SIAM J. Appl. Math. **28**, 824–838 (1975)

Macht

4

Zusammenfassung

Dieses Kapitel dient der Untersuchung der Frage, wie einflussreich einzelne Wähler bzw. Wählergruppen sind. Hierzu werden insbesondere zwei Konzepte präsentiert, die die Idee der Macht quantifizieren sollen.

In den bisherigen Abschnitten hatten wir die Kriterien (Wähler) als voneinander unabhängig und weitgehend gleichberechtigt betrachtet. Tatsächlich ist diese Annahme in vielen Situationen jedoch nicht gerechtfertigt. Im Deutschen Bundestag beispielsweise stimmen die Abgeordneten normalerweise nicht eigenständig ab, sondern entsprechend der Vorgabe der Fraktionsführung. Das bedeutet, dass es nicht angemessen ist, die Abgeordneten als konkrete Realisierung des abstrakten Konzepts eines Kriteriums zu betrachten; vielmehr wird diese Rolle von den Fraktionen gespielt. Die entscheidende Konsequenz dieser veränderten Sichtweise ist es, dass wir nunmehr berücksichtigen müssen, dass die Fraktionen über unterschiedlich viele Mitglieder und somit unterschiedlich viel Einfluss verfügen, während jedes Mitglied des Bundestags genau eine Stimme hat.

Ähnliche Situationen gibt es auch in anderen Bereichen. So gewährt üblicherweise in der Hauptversammlung einer Aktiengesellschaft jede Aktie eine Stimme. Ein Aktionär, der viele Aktien besitzt, hat somit mehr Einfluss als ein Kleinaktionär mit wenigen Aktien. Allerdings kann man leicht Beispiele konstruieren, an denen erkennbar ist, dass der Stimmenanteil keineswegs immer direkt mit dem daraus entstehenden Einfluss korreliert. Mit der Frage, wie man diese Zusammenhänge quantifizieren kann, wollen wir uns in diesem Kapitel beschäftigen. Dazu beschränken wir uns auf den Fall einer Alternativenmenge mit zwei Elementen. Dieser Fall ist in der Praxis auch der wichtigste; typischerweise wird in parlamentarischen Abstimmungen oder in Hauptversammlungen von Gesellschaften nur über einen Vorschlag abgestimmt, der entweder angenommen oder abgelehnt werden kann.

© Springer-Verlag Berlin Heidelberg 2016
K. Diethelm, *Gemeinschaftliches Entscheiden*, Mathematik im Fokus,
DOI 10.1007/978-3-662-48780-8_4

Beispiel 4.1 Die Europäische Wirtschaftsgemeinschaft (EWG) wurde im Jahr 1958 von Frankreich, Italien, Belgien, den Niederlanden, Luxemburg und der Bundesrepublik Deutschland gegründet. Zu den Entscheidungsgremien der Gemeinschaft gehörte auch der sog. Rat der EWG, in dem die Mitgliedsländer ungefähr entsprechend ihrer Bevölkerungszahl repräsentiert sein sollten. Daher wurde dem kleinen Luxemburg ein Ratsmitglied zugestanden, die mittelgroßen Länder Belgien und die Niederlande durften je zwei Vertreter entsenden, und die großen Länder (Deutschland, Frankreich und Italien) je vier. Insgesamt hatte der Rat somit 17 Mitglieder. Die Abgeordneten jedes Landes mussten immer einheitlich abstimmen. Damit die großen Länder die kleinen Länder nicht zu leicht überstimmen konnten, wurde festgelegt, dass die Entscheidungen mit Zweidrittelmehrheit getroffen werden mussten. Ein Vorschlag benötigte also zwölf Stimmen, um angenommen zu werden.

Um zu erkennen, welche Konsequenzen diese Idee hat, die eigentlich dem Schutz der Interessen der kleinen Länder dienen sollte, betrachten wir die Rolle Luxemburgs und fragen, in welcher Konstellation es überhaupt relevant ist, ob Luxemburg einen Vorschlag befürwortet oder ablehnt: Wenn sich unter den fünf anderen Mitgliedsländern zwölf oder mehr Stimmen für den Vorschlag finden, wird er unabhängig von der Entscheidung Luxemburgs angenommen. Gibt es aus den fünf anderen Ländern nur zehn oder weniger Ja-Stimmen, dann können selbst mit der einen Stimme aus Luxemburg höchstens elf Stimmen für den Vorschlag zusammenkommen. Der Vorschlag erhält somit nicht die notwendige Zustimmung und wird abgelehnt. Auch in diesem Fall hat die Entscheidung Luxemburgs also überhaupt keinen Einfluss auf das Endergebnis. Einzig in dem Fall, dass die fünf anderen Länder ihre Stimmen im Verhältnis 11 : 5 aufteilen, gibt Luxemburg den Ausschlag: Ist Luxemburg für den Vorschlag, so werden die erforderlichen zwölf Stimmen erreicht und der Vorschlag ist angenommen; lehnt Luxemburg ab, so wird die Zweidrittelmehrheit verfehlt und der Vorschlag abgelehnt.

Die wesentliche Beobachtung ist nun, dass jedes der fünf anderen Länder über eine *gerade* Anzahl an Stimmen verfügt und dass kein Land seine Stimmen zwischen „Ja" und „Nein" aufteilen darf. Das bedeutet, dass man aus den fünf anderen Ländern immer eine gerade Anzahl an Ja-Stimmen bekommt. Es ist also überhaupt nicht möglich, dass sich die Stimmen dieser Länder im Verhältnis 11:5 aufteilen.

Die Konstruktion dieses Gremiums führt folglich dazu, dass die Meinung eines seiner Mitglieder, nämlich Luxemburg, überhaupt keinen Einfluss auf die Entscheidungen hat. Luxemburg war demzufolge völlig machtlos.

Beispiel 4.2 Eine Aktiengesellschaft hat 100 Aktien ausgegeben. Diese Aktien verteilen sich hauptsächlich auf die Großaktionäre Alice mit 49 Aktien und Bob mit 47 Aktien; die restlichen vier Aktien gehören Carol. Wenn jetzt eine Entscheidung für oder gegen einen Vorschlag getroffen werden soll, so ist dafür eine absolute Mehrheit der Aktien erforderlich. Kein einzelner Aktionär verfügt über diese absolute Mehrheit. Jeder, der seine Meinung durchsetzen möchte, muss sich also mindestens einen Partner suchen, der auf die gleiche Weise abstimmt. Für Alice beispielsweise ist es dann gleichgültig, ob sie sich

mit Bob oder mit Carol zusammentut. In diesem Sinne sind also Bob und Carol gleich einflussreich. Ebenso könnte aber auch Carol sich mit einem beliebigen der beiden anderen
Aktionäre verbünden und so eine Mehrheit erreichen. Unter dieser Sichtweise sind auch
Carol und Alice gleich stark. Somit ergibt sich insgesamt die Erkenntnis, dass jeder der
drei Aktionäre gleich viel Macht besitzt, obwohl sich die Anzahlen der von ihnen jeweils
gehaltenen Aktien sehr deutlich voneinander unterscheiden.

Die Überlegungen dieser Beispiele führen zu einer mathematischen Präzisierung.

Definition 4.1 Ein *gewichtetes Wahlsystem* ist ein $(n + 1)$-Tupel $[w_1, w_2, \ldots, w_n; q]$ mit
$0 \leq q \leq \sum_{j=1}^{n} w_j$ und $w_j \geq 0$ für alle j. Wir bezeichnen die Zahlen w_j als *Gewicht* des
Wählers j und die Zahl q als *Quote*.

Hierbei interpretieren wir die Gewichte eines Wählers als die Anzahl seiner Stimmen.
Die Quote ist die Anzahl der Stimmen, die ein Vorschlag mindestens auf sich vereinen
muss, um angenommen zu werden. Die Bedingung $q \leq \sum_{j=1}^{n} w_j$ stellt insbesondere
sicher, dass die Wähler insgesamt über hinreichend viele Stimmen verfügen, um eine Annahme eines Vorschlags zu erreichen.

Definition 4.2 Eine *Koalition* in einem gewichteten Wahlsystem ist eine Teilmenge der
Wählermenge $\{1, 2, \ldots, n\}$. Das *Gewicht* der Koalition ist die Summe der Gewichte der
zugehörigen Wähler. Eine Koalition heißt *siegreich*, wenn ihr Gewicht mindestens so groß
ist wie die Quote des Wahlsystems. Eine siegreiche Koalition heißt *minimal*, wenn keine
ihrer echten Teilmengen noch siegreich ist.

Jetzt wenden wir unseren Blick wieder auf die einzelnen Wähler.

Definition 4.3 Ein Wähler, der zu einer siegreichen Koalition gehört, heißt *kritisch* für
diese Koalition, wenn die restlichen Mitglieder der Koalition ohne diesen Wähler keine
siegreiche Koalition mehr bilden würden.

Die *Banzhaf-Macht* eines Wählers j ist die Anzahl der siegreichen Koalitionen, für die
j kritisch ist. Der *Banzhaf-Index* $b(j)$ eines Wählers j ist der Quotient

$$b(j) = \frac{\text{Banzhaf-Macht des Wählers } j}{\sum_{k=1}^{n} \text{Banzhaf-Macht des Wählers } k}.$$

Satz 4.1 *Eine siegreiche Koalition K ist genau dann minimal, wenn alle ihre Mitglieder
kritisch sind.*

Beweis Wenn alle Mitglieder der siegreichen Koalition kritisch sind, dann kann kein Mitglied ausscheiden, ohne dass die Koalition zu einer nicht siegreichen wird. Daher sind alle
echten Teilmengen der Koalition nicht siegreich, d. h. die Koalition ist minimal.

Hat die Koalition K andererseits ein nicht kritisches Mitglied a^*, so ist ihre echte
Teilmenge $K \setminus \{a^*\}$ immer noch siegreich, also ist die Koalition nicht minimal. $\square$

Beispiel 4.3 In Beispiel 4.2 gibt es die siegreichen Koalitionen $K_1 = \{$Alice, Bob$\}$, $K_2 = \{$Alice, Carol$\}$, $K_3 = \{$Bob, Carol$\}$ und $K_4 = \{$Alice, Bob, Carol$\}$. Alice ist in K_1 und K_2 kritisch, Bob in K_1 und K_3 und Carol in K_2 und K_3. Die Koalition K_4 hingegen hat keine kritischen Mitglieder. Daher sind die Koalitionen K_1, K_2 und K_3 minimal, K_4 jedoch nicht, und jeder Wähler hat die Banzhaf-Macht 2, so dass

$$b(\text{Alice}) = b(\text{Bob}) = b(\text{Carol}) = \frac{2}{2+2+2} = \frac{1}{3}$$

gilt. Der Banzhaf-Index spiegelt also unsere obige Beobachtung wider: Alle Aktionäre haben gleich viel Einfluss.

Lemma 4.2 *Das Konzept des Banzhaf-Indexes beinhaltet die Normierung*

$$\sum_{j=1}^{n} b(j) = 1.$$

Beweis Nach Definition ist

$$\sum_{j=1}^{n} b(j) = \sum_{j=1}^{n} \frac{\text{Banzhaf-Macht des Wählers } j}{\sum_{k=1}^{n} \text{Banzhaf-Macht des Wählers } k}$$

$$= \frac{\sum_{j=1}^{n} \text{Banzhaf-Macht des Wählers } j}{\sum_{k=1}^{n} \text{Banzhaf-Macht des Wählers } k} = 1. \qquad \square$$

Bemerkung 4.1 Dieses Konzept geht auf den Juristen John F. Banzhaf III zurück, der sich im Jahr 1965 mit der Zusammensetzung eines parlamentsähnlichen Gremiums in der Region Nassau County des Staates New York befasst hat [1]. Das Gremium hatte 115 Mitglieder und stimmte nach dem Prinzip der absoluten Mehrheit ab, die Quote betrug also $q = 58$. Die Abgeordneten kamen aus den sechs Bezirken der Region. Jeder Bezirk durfte so viele Abgeordnete stellen, wie es seinem Bevölkerungsanteil entsprach. Alle Abgeordneten eines Bezirks sollten einheitlich abstimmen. Die Verteilung der Abgeordneten auf die Bezirke war wie folgt:

Bezirk	Anzahl der Abgeordneten	Bezirk	Anzahl der Abgeordneten
Hempstead 1	31	North Hempstead	21
Hempstead 2	31	Long Beach	2
Oyster Bay	28	Glen Cove	2

Berechnet man die sich daraus ergebenden Banzhaf-Indizes, so erkennt man

$$b(\text{Hempstead 1}) = b(\text{Hempstead 2}) = b(\text{Oyster Bay}) = \frac{1}{3},$$

$$b(\text{North Hempstead}) = b(\text{Long Beach}) = b(\text{Glen Cove}) = 0.$$

In den drei kleinen Bezirken lebten demnach über 20 % der Gesamtbevölkerung der Region, diese Einwohner hatten jedoch überhaupt keinen Einfluss auf die Entscheidungen des Gremiums.

Mit dieser Argumentation hat Banzhaf eine Klage eingereicht, um das System zu ändern. Diese Klage war letzten Endes erfolgreich; sie führte zu einem neuen Wahlsystem
mit anderer Stimmenverteilung, die zwischenzeitlich noch mehrmals angepasst wurde.
Der letzte Stand vor Auflösung des Gremiums im Jahr 1994 war

Bezirk	Anzahl der Abgeordneten	Bezirk	Anzahl der Abgeordneten
Hempstead 1	30	North Hempstead	15
Hempstead 2	28	Long Beach	7
Oyster Bay	22	Glen Cove	6

mit der Quote 65, bei dem kein Bezirk mehr völlig machtlos ist.

Bemerkung 4.2 Das Konzept des Banzhaf-Indexes wurde bereits vor Banzhaf verwendet,
u. a. von Lionel Penrose, dem Vater des Mathematikers Roger Penrose, im Jahr 1946.
Durchgesetzt hat es sich aber erst, nachdem es 1971 von James S. Coleman ein weiteres
Mal wiederentdeckt wurde.

Ein weiterer Ansatz, um die Macht einzelner Wähler zu quantifizieren, geht auf eine Arbeit der Wirtschaftswissenschaftler Lloyd S. Shapley und Martin Shubik aus dem
Jahr 1954 zurück [3]. (Auch Shapley ist Wirtschafts-Nobelpreisträger; er wurde 2012
ausgezeichnet.) Das Konzept des kritischen Wählers wird hier durch eine etwas andere
Idee ersetzt. Der Grundgedanke ist, dass Koalitionen nicht entstehen, indem alle Partner
gleichzeitig beitreten, sondern schrittweise aufgebaut werden, d. h. die Wähler schließen
sich nach und nach zusammen. Daher ist es nun nicht mehr hilfreich, von Koalitionen als
Teilmengen der Wählermenge zu sprechen, denn Mengen sind per Definition ungeordnet;
diese Darstellung könnte also die Reihenfolge des Beitretens nicht widerspiegeln. Wir
kommen daher zu neuen Konzepten.

Definition 4.4 Der Wähler $\sigma(j)$ heißt *entscheidend* für die Permutation σ der Wählermenge $\{1, 2, \ldots, n\}$, wenn die Ungleichungskette

$$\sum_{k=1}^{j-1} w_{\sigma(k)} < q \leq \sum_{k=1}^{j} w_{\sigma(k)}$$

gilt, d. h. wenn $\{\sigma(1), \sigma(2), \ldots, \sigma(j)\}$ eine siegreiche Koalition ist, $\{\sigma(1), \sigma(2), \ldots,$
$\sigma(j-1)\}$ aber nicht.

Die *Shapley-Shubik-Macht* eines Wählers j ist die Anzahl der Permutationen der Wählermenge, für die j entscheidend ist. Der *Shapley-Shubik-Index* $s(j)$ eines Wählers j ist
der Quotient

$$s(j) = \frac{\text{Shapley-Shubik-Macht des Wählers } j}{n!}.$$

Lemma 4.3 *Auch für den Shapley-Shubik-Index gilt die Normierung*

$$\sum_{j=1}^{n} s(j) = 1.$$

Beweis Der Nenner $n!$ in der Definition von $s(j)$ ist die Anzahl aller Permutationen der Wählermenge. In jeder Permutation gibt es genau einen entscheidenden Wähler. Damit ergibt die Summe einen Bruch, bei dem Zähler und Nenner gleich sind. □

Beispiel 4.4 Im Bundesrat der Bundesrepublik Deutschland verfügt jedes der 16 Bundesländer über eine Stimmenanzahl, die sich aus seiner Bevölkerungsgröße ergibt. Im Jahr 2015 war die Verteilung der insgesamt 69 Stimmen wie folgt:

Bundesland	Stimmen
Baden-Württemberg, Bayern, Niedersachsen, Nordrhein-Westfalen	je 6
Hessen	5
Berlin, Brandenburg, Rheinland-Pfalz, Sachsen, Sachsen-Anhalt, Schleswig-Holstein, Thüringen	je 4
Bremen, Hamburg, Mecklenburg-Vorpommern, Saarland	je 3

Alle Vertreter eines Landes müssen immer einheitlich abstimmen. Wegen der Quote $q = 35$ ergeben sich folgende Indizes:

Bundesland	Stimmen-Anteil	Banzhaf-Index	Shapley-Shubik-Index
Baden-Württemberg, Bayern, Niedersachsen, Nordrhein-Westfalen	0.08696	0.08824	0.088713
Hessen	0.07246	0.07502	0.075189
Berlin, Brandenburg, Rheinland-Pfalz, Sachsen, Sachsen-Anhalt, Schleswig-Holstein, Thüringen	0.05797	0.05732	0.057226
Bremen, Hamburg, Mecklenburg-Vorpommern, Saarland	0.04348	0.04269	0.042342

In diesem Beispiel unterscheiden sich also Banzhaf- und Shapley-Shubik-Indizes nur geringfügig voneinander, und auch der Unterschied zum Anteil der Stimmen des jeweiligen Landes an der Gesamtzahl aller Stimmen ist klein.

Beispiel 4.5 Für den ursprünglichen Rat der Europäischen Wirtschaftsgemeinschaft aus Beispiel 4.1 ergeben sich folgende Stimmenanteile und Machtindizes:

Staat	Stimmen-Anteil	Banzhaf-Index	Shapley-Shubik-Index
Luxemburg	0.0588	0.0000	0.0000
Belgien, Niederlande	0.1176	0.1429	0.1500
Deutschland, Frankreich, Italien	0.2353	0.2381	0.2333

Die völlige Machtlosigkeit Luxemburgs spiegelt sich also auch in den Indizes von Banzhaf bzw. Shapley und Shubik wider.

Würde man statt einer Zweidrittelmehrheit nur noch eine absolute Mehrheit fordern, die Quote also auf $q = 9$ (eine ungerade Zahl; nach den obigen Überlegungen kann nur so Luxemburg Macht bekommen) ändern, so ergäben sich folgende Werte:

Staat	Stimmen-Anteil	Banzhaf-Index	Shapley-Shubik-Index
Luxemburg	0.0588	0.1000	0.1000
Belgien, Niederlande	0.1176	0.1000	0.1000
Deutschland, Frankreich, Italien	0.2353	0.2333	0.2333

Für die drei großen Länder würde sich durch die Modifikation der Quote fast nichts ändern. Belgien und die Niederlande müssten aber bezüglich beider Indizes einen so großen Teil ihrer Macht an Luxemburg abgeben, dass sie in dieser neuen Konstellation nicht mehr Macht haben als Luxemburg. Der Machtverlust der mittelgroßen Länder gibt wieder, dass diese Länder nun leichter überstimmt werden können.

Bis heute ist umstritten, ob diese beiden Indizes wirklich sinnvolle Maße für die Macht eines Wählers sind [2]. Ein wesentlicher Schwachpunkt der Ansätze lässt sich exemplarisch an der Situation der Landtagswahl in Thüringen aus Beispiel 1.12 erkennen. Wir illustrieren dies hier anhand des Konzepts von Banzhaf, die Überlegungen gelten jedoch in gleicher Weise auch für den Shapley-Shubik-Index.

Beispiel 4.6 Formal ergeben sich für die Daten aus Beispiel 1.12 zunächst die Werte

Partei	CDU	Linke	SPD	AfD	Grüne
Sitze	34	28	12	11	6
Banzhaf-Index	0.385	0.231	0.231	0.077	0.077

für die Banzhaf-Indizes. Deren Berechnung beruht jedoch auf der vereinfachenden Annahme, dass jede der in diesem Fall 16 rechnerisch möglichen siegreichen Koalitionen auch in der Praxis vorkommen kann. Hinter dieser Annahme steht im Grunde genommen das Modell, dass sich jede Partei zufällig und unabhängig von den anderen Parteien entscheiden kann, ob sie den zur Debatte stehenden Vorschlag befürworten oder ablehnen will. In der realen politischen Welt ist dies natürlich nicht korrekt. Wie wir in Beispiel 1.12 bereits bemerkt hatten, hätten wegen der unterschiedlichen politischen Ausrichtungen der Parteien nur zwei dieser 16 Koalitionen tatsächlich gebildet werden können, nämlich CDU/SPD und Linke/SPD/Grüne. Wenn wir die Definition des Banzhaf-Indexes nun so modifizieren, dass wir nicht alle theoretisch möglichen Koalitionen berücksichtigen, sondern nur diese wirklich realisierbaren, stellen wir fest, dass in beiden Koalitionen jeweils alle Mitglieder kritisch sind. Damit ergeben sich für jede Partei die „modifizierte Banzhaf-Macht" und der daraus folgende „modifizierte Banzhaf-Index" gemäß

Partei	CDU	Linke	SPD	AfD	Grüne
Sitze	34	28	12	11	6
Modifizierte Banzhaf-Macht	1	1	2	0	1
Modifizierter Banzhaf-Index	0.2	0.2	0.4	0.0	0.2

Die Unterschiede zu den oben angegebenen klassischen Banzhaf-Indizes sind evident. Es fällt insbesondere auf:

- Der modifizierte Banzhaf-Index der zweitkleinsten Partei, der AfD, ist Null; dagegen ist der entsprechende Index der kleinsten Partei, der Grünen, echt positiv.
- SPD und AfD haben fast gleich viele Sitze. Trotzdem hat die AfD den niedrigsten und die SPD den höchsten modifizierten Banzhaf-Index.
- Die größte Partei, die CDU, hat fast sechs mal so viele Mandate wie die kleinste Partei (die Grünen), aber beide Parteien haben den gleichen modifizierten Banzhaf-Index.

Der Grund für diese Diskrepanzen zwischen modifizierten Banzhaf-Indizes einerseits und Stimmenanteilen andererseits ist die Koalitionsfähigkeit: Eine Partei mit vielen politisch möglichen Koalitionspartnern ist naturgemäß in einer besseren Position als eine Partei, der nur wenige oder sogar überhaupt keine Partner zur Verfügung stehen. Dieser Aspekt wird bei der Konstruktion des klassischen Banzhaf-Indexes nicht berücksichtigt.

Literatur

1. Banzhaf, J. F.: Weighted Voting Doesn't Work: A Mathematical Analysis. Rutgers Law Review **19**, 317–343 (1965)
2. Barry, B.: Is it Better to be Powerful or Lucky? In: Barry, B.: Essays in Political Theory, Part I: Democracy and Power, pp. 270–302. Clarendon Press, Oxford (1991)
3. Shapley, L. S., Shubik, M.: A Method for Evaluating the Distribution of Power in a Committee System. American Political Science Review **48**, 787–792 (1954)

Binärvergleiche

Zusammenfassung

In diesem Kapitel werden solche Entscheidungsverfahren, die auf dem direkten Vergleich von Paaren von Alternativen beruhen, näher untersucht. Bei dieser Analyse werden unter anderem Ideen aus dem Gebiet der Graphentheorie eine wesentliche Rolle spielen. Anwendungen dieser Methoden finden sich offensichtlich bei Entscheidungsfragen aus dem Bereich des Sports, aber auch in vielen anderen Gebieten.

In den bisherigen Kapiteln waren wir davon ausgegangen, dass zur Bestimmung der (Wahl-)Sieger ein gewisse Anzahl von Kriterien (z. B. die Präferenzen der Wahlberechtigten) vorlag und dass bezüglich jedes Kriteriums eine vollständig geordnete Liste der Alternativen bekannt war, auf deren Basis dann ein Gesamtsieger ermittelt wurde. Diese Situation ist vor allem bei politischen und ähnlichen Wahlen anzutreffen. Jetzt wollen wir uns mit einer anderen Ausgangslage befassen: Wir gehen nach wie vor von einer endlichen Anzahl von Alternativen aus, vergleichen jedoch nun jede Alternative mit jeder anderen (führen also sog. *Binärvergleiche* zwischen je zwei Alternativen durch) und versuchen, aus der Gesamtheit dieser Vergleiche einen Sieger zu ermitteln. Diese Aufgabenstellung ist beispielsweise im Sport relevant; unsere Terminologie wird dies teilweise widerspiegeln. Wir werden bei den Untersuchungen zahlreiche Grundkonzepte und Ideen aus unseren früheren Überlegungen wiederfinden.

Binärvergleiche waren uns bereits in Beispiel 1.8 begegnet. Allerdings hatten wir dort nur einige ausgewählte Paare von Alternativen auf diese Weise miteinander verglichen. In diesem Kapitel wollen wir nun fast immer davon ausgehen, dass wie oben erwähnt für *jedes* Paar von Alternativen das Ergebnis des direkten Vergleichs bekannt ist.

© Springer-Verlag Berlin Heidelberg 2016
K. Diethelm, *Gemeinschaftliches Entscheiden*, Mathematik im Fokus,
DOI 10.1007/978-3-662-48780-8_5

Definition 5.1 Eine vollständige und asymmetrische Relation auf einer endlichen nicht-leeren Grundmenge A heißt ein *Turnier*. Die Menge aller Turniere über A bezeichnen wir mit $\mathcal{T}(A)$.

Wir können uns unter einem Turnier tatsächlich genau das vorstellen, was der dem Sport entlehnte Begriff suggeriert: Jeder Teilnehmer tritt gegen jeden anderen Teilnehmer genau einmal an (das ist die Vollständigkeit) und ermittelt einen Sieger (Unentschieden sind nicht erlaubt; das ist die Asymmetrie). Aber auch andere außermathematische Anwendungen sind gut bekannt. So kann man die Hackordnung in einem Schwarm von Hühnern als Turnier interpretieren: Zwischen je zwei Hühnern ist immer eindeutig geklärt, welches das stärkere ist und demzufolge auf das schwächere einhacken darf. Ein Sieger in diesem Sinne ist dann ein Huhn, das den Schwarm in einem gewissen Sinne beherrscht [2, 3]. Offensichtlich kann dieses Prinzip auch auf andere soziale Gemeinschaften übertragen werden.

Dass wir hier, wie bereits angedeutet, einen großen Teil der in den vorangegangenen Kapiteln entwickelten Theorie weiterverwenden können, liegt an Satz 2.10: Da ein Turnier insbesondere asymmetrisch ist, können wir uns wegen dieses Satzes vorstellen, dass hinter dem Turnier eine Kriterienmenge versteckt ist, aus deren Profil das Turnier durch Bildung der zugehörigen Majoritätsrelation entstanden ist. Auf dieses (unbekannte) Profil kann dann natürlich alles, was bisher erarbeitet wurde, angewendet werden. Große Teile dieses Gedankengebäudes kann man jedoch auch direkt, ohne den Umweg über Kriterienmengen und Profile, aufbauen. Dieser Aufgabe wollen wir uns in diesem Kapitel widmen.

Beispiel 5.1 Im Fall $A = \{a_1, a_2\}$ gibt es genau zwei Turniere, nämlich $T_1 = \{(a_1, a_2)\}$ und $T_2 = \{(a_2, a_1)\}$, denn es findet nur ein Spiel statt, und jeder der beiden Teilnehmer kann als Sieger des Spiels vorkommen.

Satz 5.1 *Für $A = \{a_1, a_2, a_3, \ldots, a_q\}$ existieren $2^{q(q-1)/2}$ verschiedene Turniere.*

Beweis Es gibt $q(q-1)/2$ verschiedene Möglichkeiten, zwei verschiedene Elemente a_j und a_k mit $j < k$ aus A auszuwählen. Für jedes dieser Paare ist entweder (a_j, a_k) oder (a_k, a_j) im Turnier enthalten. Damit ergeben sich genau $2^{q(q-1)/2}$ verschiedene Möglichkeiten, das Turnier zusammenzustellen. $\qquad\square$

Ähnlich wie in Abschn. 2.5 bei allgemeinen Majoritätsrelationen bietet auch bei Turnieren ein gerichteter Graph eine besonders anschauliche Möglichkeit der Darstellung. Wir verwenden hierbei wiederum die Menge A als Knotenmenge und das Turnier T selbst beschreibt die Kanten, d. h. wenn etwa $(a_1, a_2) \in T$ gilt, so zeichnen wir im Graphen eine gerichtete Kante von a_1 nach a_2.

Beispiel 5.2

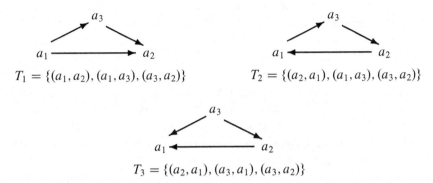

$$T_1 = \{(a_1, a_2), (a_1, a_3), (a_3, a_2)\} \qquad T_2 = \{(a_2, a_1), (a_1, a_3), (a_3, a_2)\}$$

$$T_3 = \{(a_2, a_1), (a_3, a_1), (a_3, a_2)\}$$

Vom Standpunkt der Graphentheorie aus betrachtet gibt es keinen wesentlichen Unterschied zwischen den in Beispiel 5.2 genannten Graphen zu den Turnieren T_1 und T_3: In beiden Fällen gibt es zwei Kanten, die vom gleichen Knoten ausgehen, und eine Kante, die die dritte Verbindung darstellt. Der Graph zu T_2 hingegen ist anders strukturiert, denn er weist einen ringförmigen Kantenzug aus, d. h. von jedem Knoten geht genau eine Kante aus. Die Graphentheorie stellt hierzu ein wichtiges Konzept bereit.

Definition 5.2 Zwei Turniere T und T' auf der Grundmenge A heißen *isomorph*, wenn es eine Permutation σ auf A gibt, mit der die Aussage $T = \sigma(T')$ gilt.

Im Sinne dieser Definition sind die Turniere T_1 und T_3 aus Beispiel 5.2 isomorph; die zugehörige Permutation ist

$$\sigma = \begin{pmatrix} a_1 & a_2 & a_3 \\ a_3 & a_1 & a_2 \end{pmatrix}.$$

Beispiel 5.3

(a) Im Fall $|A| = 3$ existieren nach Satz 5.1 insgesamt 8 Turniere, aber jedes dieser Turniere ist entweder zum Turnier T_1 oder zum Turnier T_2 aus Beispiel 5.2 isomorph. Es gibt also nur zwei wesentlich verschiedene Turniere mit drei Teilnehmern.

(b) Für $|A| = 4$ gibt es genau vier nicht zueinander isomorphe Turniertypen:

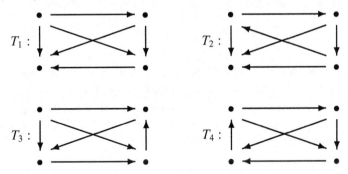

Beispiel 5.4 Betrachten wir das Turnier T_4 aus Beispiel 5.3(b) etwas genauer. Wenn wir die Knoten des Graphen mit a_1 (oben links), a_2 (oben rechts), a_3 (unten rechts) und a_4 (unten links) bezeichnen, können wir dieses Turnier mit der Relation $T_4 = \{(a_1, a_2), (a_1, a_3), (a_4, a_1), (a_2, a_3), (a_2, a_4), (a_3, a_4)\}$ identifizieren. Welche Siegermengen erscheinen sinnvoll?

(a) Der Graph enthält einen geschlossenen Kantenzug von a_1 über a_2, a_3 und a_4 wieder zurück nach a_1, der alle Knoten enthält. In diesem Sinne sind alle Elemente von A gleichberechtigt. Dies spricht dafür, die Siegermenge $\{a_1, a_2, a_3, a_4\}$ festzulegen.

(b) Die Teilnehmer a_1 und a_2 gewinnen je zwei Binärvergleiche, die beiden anderen nur je einen. Daher sollte $\{a_1, a_2\}$ die Siegermenge sein.

(c) In Teil (b) hatten wir begründet, dass a_3 und a_4 nicht Sieger sein sollten. Es verbleiben a_1 und a_2 als potentielle Sieger. Da a_1 den direkten Vergleich dieser beiden gewinnt, ist es plausibel, $\{a_1\}$ als Siegermenge zu bestimmen.

(d) Die Alternative a_3 gewinnt nur gegen a_4. Der Kandidat a_2 dagegen schlägt a_4 (also jeden, der auch von a_3 geschlagen wird) und a_3 selbst. Daher ist a_2 besser als a_3, und a_3 sollte nicht Sieger sein. Für die anderen Alternativen ist diese Argumentation nicht anwendbar, und somit sollte a_3 als einziger Teilnehmer nicht Sieger sein. So kommen wir zur Siegermenge $\{a_1, a_2, a_4\}$.

Um die hier dargestellten Gedanken systematisch zu organisieren und weiterzuentwickeln, wollen wir grundlegende Begriffe definieren. Dabei wird es sich hauptsächlich um die Übertragung bereits bekannter Konzepte auf die hier vorliegende Situation handeln.

Definition 5.3 Sei A eine Menge mit q Elementen. Eine Funktion $B : \mathcal{T}(A) \to \mathcal{P}(A) \setminus \{\emptyset\}$ heißt (q-stelliges) *Entscheidungsverfahren für Binärvergleiche*.

Bemerkung 5.1 Wir hatten in Satz 5.1 schon gesehen, dass es für eine q-elementige Menge A genau $2^{q(q-1)/2}$ Turniere gibt. Dies ist die Mächtigkeit der Definitionsmenge eines Entscheidungsverfahrens für Binärvergleiche über A. Da die Bildmenge $2^q - 1$ Elemente enthält, existieren genau $(2^q - 1)^{2^{q(q-1)/2}}$ verschiedene q-stellige Entscheidungsverfahren für Binärvergleiche. Diese Zahl wächst mit wachsendem q sehr schnell. So beträgt ihr Wert für $q = 3$ etwas weniger als 5.8 Millionen; für $q = 4$ ergibt sich sogar schon

$$(2^q - 1)^{2^{q(q-1)/2}} = 15^{2^6} = 15^{64} \approx 1.86 \cdot 10^{75}.$$

Zunächst stellen wir fest, dass alle Entscheidungsverfahren, die auf einer Auswertung der Majoritätsrelation beruhen, natürlich unmittelbar auf Turniere angewendet werden können, denn wie bereits bemerkt ist ein Turnier stets eine spezielle Majoritätsrelation. Dies betrifft also hier insbesondere die Verfahren von Copeland, Good und Schwartz:

Definition 5.4

(a) Das *Good-Verfahren* für Binärvergleiche ist gegeben durch $B^{\text{Good}}(T) := \text{Con}(T)$.
(b) Das *Schwartz-Verfahren* für Binärvergleiche ist gegeben durch $B^{\text{Swz}}(T) := \text{Swz}(T)$.
(c) Das *Copeland-Verfahren* für Binärvergleiche ist gegeben durch $B^{\text{Cop}}(T) := \text{Cop}(T)$.

Bemerkung 5.2 Die in Definition 5.4 genannten Verfahren und alle anderen in Kap. 2 auf-geführten Verfahren, die nur auf der Auswertung der Majoritätsrelation beruhen, können auch auf eine Verallgemeinerung der jetzt betrachteten Aufgabenstellung angewendet wer-den: Sie sind auch dann nutzbar, wenn die Relation nicht vollständig ist. Daher können die Verfahren von Good, Schwartz und Copeland immer auch dann eingesetzt werden, wenn die Ergebnisse einzelner Binärvergleiche unbekannt sind oder wenn man unentschiedene Binärvergleiche zulassen will.

Das Copeland-Verfahren ist speziell in der Welt des Sports weit verbreitet. Auch die Argumentation aus Beispiel 5.4(b) führt auf diese Methode. Wir wollen kurz auf einige seiner Eigenschaften eingehen. Insbesondere wollen wir uns fragen, welche Verteilungen der Copeland-Punkte überhaupt möglich sind. Einen Beweis der folgenden Aussage, die darüber Auskunft erteilt, gibt Landau [2, Part III]; siehe auch [1].

Satz 5.2 *Gegeben seien nichtnegative ganze Zahlen $c_1 \leq c_2 \leq \ldots \leq c_q$. Ein Turnier T über der Menge $A = \{a_1, a_2, \ldots, a_q\}$ mit der Eigenschaft, dass für alle $j = 1, 2, \ldots, q$ die Aussage $c(a_j) = c_j$ gilt, existiert genau dann, wenn die folgenden beiden Bedingun-gen erfüllt sind:*

(a) $2(c_1 + c_2 + \ldots + c_q) = q(q-1)$,
(b) $2(c_1 + c_2 + \ldots + c_k) \geq k(k-1)$ *für* $k = 2, 3, \ldots, q-1$.

Beispiel 5.5 Wir betrachten ein Basketballturnier mit zehn Mannschaften, d. h. $q = 10$. Jede Mannschaft soll ein Mal gegen jede andere Mannschaft spielen. Wie im Basketball üblich wird in jedem Spiel ein Sieger ermittelt; Unentschieden sind nicht erlaubt. Damit erhalten wir ein Turnier in unserem Sinne. Dann können wir beispielsweise festhalten:

(a) Es ist nicht möglich, dass am Ende des Turniers alle Mannschaften gleich viele Siege haben. Wäre dies nämlich der Fall, so hätten wir $c(a_1) = c(a_2) = \ldots = c(a_{10})$ und wegen Satz 5.2(a) müsste die Gleichung $90 = 10 \cdot 9 = q(q-1) = 2(c(a_1) + c(a_2) + \ldots + c(a_{10})) = 20c(a_1)$, also $c(a_1) = 9/2$, gelten. Da die $c(a_j)$ aber nach Konstruktion ganzzahlig sein müssen, kann dies nicht sein.
(b) Es ist möglich, dass neun der zehn Mannschaften mehr Siege als Niederlagen ha-ben, denn die Punkteverteilung $(0, 5, 5, \ldots, 5)$ (d. h. eine Mannschaft verliert alle ihre

Spiele und die übrigen neun Teams gewinnen je fünf und verlieren je vier Spiele) erfüllt die beiden Bedingungen von Satz 5.2.

Hingegen kann es nicht vorkommen, dass alle Mannschaften mehr Siege als Niederlagen aufweisen, denn dann wäre die Gesamtzahl aller Siege größer als die Gesamtzahl aller Niederlagen. Da aber zu jedem Spiel genau eine siegreiche und genau eine unterlegene Mannschaft gehören, müssen diese beiden Gesamtzahlen gleich sein. Alternativ kann man die Aussage auch mit Satz 5.2 begründen: Gäbe es eine solche Konfiguration, so wäre $c(a_j) \geq 5$ für alle j und somit $2(c(a_1) + c(a_2) + \ldots + c(a_{10})) \geq 2 \cdot 10 \cdot 5 = 100 > 90 = 10 \cdot 9 = q(q-1)$ im Widerspruch zu Bedingung (a).

Jetzt wollen wir zur Untersuchung allgemeiner Entscheidungsverfahren übergehen.

Definition 5.5 Ein Entscheidungsverfahren B für Binärvergleiche über der Menge A heißt *neutral*, wenn für jedes Turnier T über A und jede Permutation σ auf A die Aussage $B(\sigma(T)) = \sigma(B(T))$ gilt.

Wie früher bedeutet die Neutralität also, dass eine Umänderung der Bezeichnung der Teilnehmer eine identische Umänderung der Siegermenge mit sich bringt, d. h. alle Teilnehmer sind gleichberechtigt.

Bemerkung 5.3 Da wir keine Kriterien mehr haben, ist das in Kapitel 3 häufig mit der Neutralität gemeinsam auftretende Konzept der Symmetrie im aktuellen Kontext nicht mehr relevant.

Beispiel 5.6 Für das Turnier T_2 aus Beispiel 5.2 kann ein neutrales Entscheidungsverfahren nur die Siegermenge $B(T_2) = \{a_1, a_2, a_3\}$ liefern, denn die Permutation

$$\sigma = \begin{pmatrix} a_1 & a_2 & a_3 \\ a_2 & a_3 & a_1 \end{pmatrix}$$

hat die Eigenschaft $\sigma(T_2) = T_2$. Es gilt daher $B(T_2) = B(\sigma(T_2)) = \sigma(B(T_2))$, wobei die letzte Gleichheit aus der Neutralität folgt. Insgesamt wird $B(T_2)$ also durch die Anwendung der Permutation σ nicht verändert. Die einzige nichtleere Teilmenge von A, die diese Eigenschaft hat, ist aber A selbst.

Definition 5.6 Das Turnier T' über A entsteht aus dem Turnier T über der gleichen Grundmenge durch *Verbesserung* von $a \in A$, wenn es eine nichtleere Menge $\tilde{A} \subseteq A \setminus \{a\}$ gibt, so dass folgende Bedingungen erfüllt sind:

(a) Für alle $\tilde{a} \in \tilde{A}$ gilt $(\tilde{a}, a) \in T$ und $(a, \tilde{a}) \in T'$.
(b) $T' \setminus \{(a, \tilde{a}) : \tilde{a} \in \tilde{A}\} = T \setminus \{(\tilde{a}, a) : \tilde{a} \in \tilde{A}\}$.

Teil (a) dieser Definition bedeutet, dass der Teilnehmer a im Turnier T' gewisse Vergleiche gewinnt, die er in T verloren hat (nämlich diejenigen mit den Elementen von $\tilde{A}$), und Teil (b) fordert, dass alle übrigen Vergleiche in T' genauso ausgehen wie in T. Graphentheoretisch gesprochen bedeutet dies, dass der Graph von T' aus dem Graphen von T dadurch entsteht, dass gewisse Kanten, die in T auf a zulaufen, umgedreht werden und in T' von a weg zeigen.

Bemerkung 5.4 Der hier definierte Begriff der Verbesserung einer Alternative in einem Turnier ist eng verwandt mit dem Begriff der Verbesserung einer Alternative in einem Profil, den wir in Definition 3.4 kennengelernt hatten, aber nicht identisch: Wenn eine Alternative in einem Profil verbessert wird, also in (mindestens) einer Prioritätenliste an eine bessere Position rückt, dann kann dies bedeuten, dass ein ohnehin schon gewonnener direkter Vergleich mit einer anderen Alternative, wie er zur Konstruktion der Majoritätsrelation genutzt wird, noch deutlicher gewonnen oder ein verlorener Vergleich weniger deutlich verloren, aber eben immer noch verloren wird. Falls die Majoritätsrelation dann ein Turnier ist, würde es sich bei einer derartigen Situation nicht um eine Verbesserung im Turnier (also im Sinne von Definition 5.6) handeln. Eine solche Verbesserung ergibt sich nur, wenn die Verbesserung im Profil dazu führt, dass aus einem verlorenen direkten Vergleich mit einer anderen Alternative ein gewonnener wird. Demzufolge ist die Verbesserung im Turnier eine stärkere Anforderung als eine Verbesserung im Profil.

Definition 5.7 Ein Entscheidungsverfahren B für Binärvergleiche heißt *monoton*, wenn aus $a^* \in B(T)$ immer dann $a^* \in B(T')$ folgt, wenn das Turnier T' durch Verbesserung von a^* aus dem Turnier T hervorgeht. Das Verfahren heißt *streng monoton*, wenn im Fall einer solchen Verbesserung aus $a^* \in B(T)$ sogar $\{a^*\} = B(T')$ folgt.

Definition 5.8

(a) Ein Element $a^* \in A$ heißt *Condorcet-Sieger* eines Turniers T über A, wenn a^* streng maximal bezüglich der Relation T ist.

(b) Ein Entscheidungsverfahren B für Binärvergleiche genügt der *Condorcet-Bedingung*, wenn für jedes Turnier T, das einen Condorcet-Sieger a^* besitzt, die Aussage $B(T) = \{a^*\}$ gilt.

Ein Condorcet-Sieger gewinnt also jeden direkten Vergleich gegen einen anderen Teilnehmer, d. h. a^* ist genau dann Condorcet-Sieger, wenn $(a^*, a) \in T$ für alle $a \neq a^*$ gilt. Demzufolge kann jedes Turnier höchstens einen Condorcet-Sieger haben, so dass Teil (b) der Definition sinnvoll ist.

Dass die Condorcet-Bedingung Probleme bereiten kann, hatten wir in den vorangegangenen Abschnitten bereits festgestellt. Tatsächlich hat diese Bedingung jedoch – insbesondere in der hier betrachteten Fassung für Binärvergleiche – nur relativ geringe Auswirkungen, weil sie selten greift, denn es gibt nicht viele Turniere, die überhaupt einen Condorcet-Sieger haben:

Satz 5.3 *Sei* $|A| = q$*. Der Anteil der Turniere über A, die einen Condorcet-Sieger haben, unter allen Turnieren über A beträgt* $q \cdot 2^{1-q}$*.*

Bemerkung 5.5 Offensichtlich sinkt der in Satz 5.3 genannte Anteil streng monoton, wenn q wächst. Für einige spezielle Werte von q wollen wir die Zahlen explizit angeben:

q	2	3	4	6	10	20	50	100
Anteil	100 %	75 %	50 %	18.75 %	1.95 %	0.004 %	$8.9 \cdot 10^{-12}$%	$1.6 \cdot 10^{-26}$%

Beweis von Satz 5.3 Nach Satz 5.1 gibt es genau $2^{q(q-1)/2}$ Turniere mit q Teilnehmern. Unter allen diesen Turnieren müssen wir nun diejenigen abzählen, die einen Condorcet-Sieger haben. Dies lässt sich jedoch relativ leicht bewerkstelligen: Zunächst stellt man fest, dass jeder der q Teilnehmer Condorcet-Sieger sein kann. Für jeden dieser Fälle sind damit alle Kanten des Graphen definiert, die den Sieger mit einem anderen Teilnehmer verbinden (sie zeigen vom Condorcet-Sieger weg). Die Orientierung der restlichen Kanten ist völlig beliebig. Diese Kanten bilden ihrerseits aber wieder ein vollständiges Turnier der übrigen $q - 1$ Teilnehmer, und hierfür gibt es (wieder nach Satz 5.1) $2^{(q-1)(q-2)/2}$ Möglichkeiten. Demnach gibt es insgesamt $q \cdot 2^{(q-1)(q-2)/2}$ Turniere mit Condorcet-Sieger, und der Anteil dieser Turniere an allen Turnieren beträgt

$$\frac{q \cdot 2^{(q-1)(q-2)/2}}{2^{q(q-1)/2}} = q \cdot 2^{(q-1)(q-2)/2 - q(q-1)/2} = q \cdot 2^{(q-2-q)(q-1)/2} = q \cdot 2^{1-q}. \qquad \square$$

Bei den meisten Turnieren existiert also kein Condorcet-Sieger. Wir wissen allerdings aus Satz 2.11, dass zu jedem Turnier T eine nichtleere Condorcet-Menge $\mathrm{Con}(T)$ existiert, mit der wir arbeiten können.

Definition 5.9 Ein Entscheidungsverfahren B für Binärvergleiche erfüllt das *Postulat von Smith*, wenn für jedes Turnier T die Aussage $B(T) \subseteq \mathrm{Con}(T)$ gilt.

Für Turniere lässt sich die Condorcet-Menge elegant beschreiben.

Definition 5.10

(a) Eine endliche Folge $a_1, a_2, \ldots, a_l$ von $l \geq 3$ paarweise verschiedenen Alternativen eines Turniers T heißt *Zykel* der Länge l, wenn für jedes $j = 1, 2, \ldots, l$ die Aussage $(a_j, a_{j+1}) \in T$ gilt, wobei die Konvention $a_{l+1} := a_1$ verwendet wird.
(b) Ein Zykel heißt *Spitzenzykel* von T, wenn seine Elemente eine T-dominierende Menge bilden.

Ein Zykel beschreibt also einen geschlossenen Kantenzug im zu T gehörigen Graphen. Aus der Graphentheorie [1] können wir dann folgendes Ergebnis zitieren:

Satz 5.4 *Wenn das Turnier T keinen Condorcet-Sieger besitzt, so hat es genau einen Spitzenzykel, und dieser ist identisch mit der Condorcet-Menge von T.*

Aus Satz 5.4 ergibt sich eine einfache aber nützliche Charakterisierung der Condorcet-Menge.

Satz 5.5 $\text{Con}(T)$ *besteht aus genau den Alternativen, die jede andere Alternative indirekt besiegen.*

Hierbei verstehen wir unter einem *indirekten Sieg* von a^* gegen $\tilde{a}$, dass es eine endliche Folge $a_0, a_1, \ldots, a_l$ gibt mit $a_0 = a^*$, $a_l = \tilde{a}$ und $(a_j, a_{j+1}) \in T$ für $j = 0, 1, \ldots, l - 1$. In der Sprache der Graphentheorie bedeutet das, dass im Graphen von T ein Weg von a^* nach $\tilde{a}$ existiert. Insbesondere ist es zulässig, dass diese Folge nur die Elemente $a_0 = a^*$ und $a_1 = \tilde{a}$ enthält, d. h. ein Sieg im direkten Vergleich ist auch ein indirekter Sieg.

Beweis Wenn a zur Condorcet-Menge gehört, so besiegt a nach Definition der Condorcet-Menge jedes Element, das nicht in $\text{Con}(T)$ liegt, im direkten Vergleich, also insbesondere auch indirekt. Außerdem ist $\text{Con}(T)$ nach Satz 5.4 ein Zykel, also besiegt a auch jedes andere Element der Condorcet-Menge indirekt.

Wenn a nicht zur Condorcet-Menge gehört, dann kann jeder Weg, der bei a beginnt, die Condorcet-Menge nicht erreichen, denn sonst gäbe es eine Kante, die von einem Element von $A \setminus \text{Con}(T)$ zu einem Element von $\text{Con}(T)$ führt, d. h. es gäbe eine Alternative außerhalb der Condorcet-Menge, die ein Element der Condorcet-Menge besiegt. Dies widerspräche aber der Definition der Condorcet-Menge. Also besiegt a keines der Elemente von $\text{Con}(T)$ indirekt. $\square$

Definition 5.11 Das Entscheidungsverfahren der *sukzessiven Elimination* besteht darin, die Alternativen in der Form $a_1, a_2, \ldots, a_q$ zu nummerieren und den Sieger gemäß der Vorschrift

$$B^{\text{sE}}(T) := \{s_q\} \text{ mit } s_1 := a_1 \text{ und } s_j := \begin{cases} s_{j-1} & \text{falls } (s_{j-1}, a_j) \in T \\ a_j & \text{falls } (a_j, s_{j-1}) \in T \end{cases} (j = 2, 3, \ldots, q)$$

zu bestimmen.

Bei diesem Verfahren beginnt man also mit dem direkten Vergleich von a_1 und a_2, eliminiert den Verlierer, lässt den Sieger gegen die nächste Alternative a_3 antreten usw. Offensichtlich spielen für die Ermittlung des Siegers nicht alle direkten Vergleiche eine Rolle; viele davon werden einfach ignoriert. Daher kann das Verfahren oft (allerdings im Gegensatz zu den in Bemerkung 5.2 genannten Verfahren nicht immer) auch dann angewendet werden, wenn T nicht vollständig ist.

Bemerkung 5.6 Einfache Beispiele (wie etwa Beispiel 1.8) zeigen, dass beim Verfahren der sukzessiven Elimination das Endergebnis davon abhängt, in welcher Reihenfolge die Alternativen nummeriert werden. Auch das Turnier T_2 aus Beispiel 5.2 (drei Teilnehmer, zyklischer Graph) gehört in diese Kategorie; hier gewinnt immer s_3, wenn die Folge (s_1, s_2, s_3) den Graphen gegen den Uhrzeigersinn durchläuft, und s_2 sonst. Dieses Verfahren ist also nicht neutral.

Diese Beobachtung kann man noch präzisieren.

Satz 5.6 *Beim Verfahren der sukzessiven Elimination gewinnt stets ein Element der Condorcet-Menge, d. h. das Verfahren genügt dem Postulat von Smith. Für jedes Element von* $\mathrm{Con}(T)$ *kann eine Nummerierung gefunden werden, die dieses Element zum Sieger erklärt.*

Beweis Sobald erstmals ein Element von $\mathrm{Con}(T)$ an einem Vergleich beteiligt ist, tritt die Folge $s_1, s_2, \ldots, s_q$ in die Condorcet-Menge ein. Da kein Element dieser Menge gegen ein Element außerhalb der Menge verliert, wird $\mathrm{Con}(T)$ danach nicht mehr verlassen; der Sieger muss also zur Condorcet-Menge gehören.

Wenn T einen Condorcet-Sieger hat, liefert das Verfahren bei beliebiger Nummerierung dieses Element als Sieger.

Um anderenfalls ein konkret vorgegebenes $a^* \in \mathrm{Con}(T)$ gewinnen zu lassen, stellt man zunächst fest, dass nach Satz 5.4 ein Spitzenzykel existiert. Dieser hat die Form

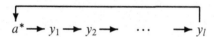

mit einem $l \geq 2$, wobei die nicht eingezeichneten Kanten beliebig gerichtet sein können. Man konstruiert nun die Nummerierung der Alternativen so, dass zuerst alle Elemente aufgelistet werden, die nicht in der Condorcet-Menge liegen. Anschließend listet man die Elemente von $\mathrm{Con}(T)$ in der Reihenfolge $y_l, y_{l-1}, \ldots, y_1, a^*$ auf. Das Verfahren durchläuft damit zunächst die Elemente außerhalb der Condorcet-Menge, von denen irgendeines als letztes übrig bleibt und mit y_l verglichen wird. Diesen Vergleich gewinnt y_l, das wiederum gegen y_{l-1} antreten muss und verliert. Anschließend gewinnt y_{l-2} gegen y_{l-1} usw., bis wir beim Sieg von y_1 gegen y_2 ankommen. Danach ist noch der letzte Vergleich von y_1 mit a^* vorzunehmen, den a^* gewinnt, das somit tatsächlich Gesamtsieger wird.   □

Satz 5.7 *Das Verfahren der sukzessiven Elimination ist streng monoton, sofern die Nummerierung der Alternativen nicht geändert wird.*

Beweis Das Verfahren der sukzessiven Elimination ermittelt stets einen eindeutigen Sieger. Dieser Sieger gewinnt alle seine Vergleiche, die in diesem Verfahren überhaupt geprüft werden. Wenn wir den Sieger verbessern, gewinnt er nach wie vor alle seine für das Verfahren relevanten Vergleiche. Die anderen im Verlauf durchzuführenden Vergleiche werden durch die Verbesserung des Siegers nicht berührt. Also wird nach der Verbesserung jeder Vergleich genauso ausgehen wie vorher, und das Verfahren bestimmt den gleichen eindeutigen Sieger.   □

Wegen der offensichtlichen Willkür, die dem Verfahren der sukzessiven Elimination inhärent ist, wollen wir dieses jetzt nicht weiter betrachten und zum Verfahren von Good übergehen.

Satz 5.8 *Das Good-Verfahren ist neutral und monoton, aber nicht streng monoton.*

Beweis Die Neutralität ist offensichtlich.

Die Monotonie folgt mit Hilfe von Satz 5.5: Ist $a^* \in B^{\text{Good}}(T)$, so besiegt a^* jede andere Alternative zumindest indirekt, d. h. es gibt zu jedem $a \neq a^*$ einen Kantenzug im zu T gehörigen Graphen, der bei a^* beginnt und bei a endet. Wenn wir a^* jetzt verbessern, so bleiben alle diese von a^* ausgehenden Kantenzüge erhalten, denn es werden ja durch die Verbesserung höchstens Kanten, die bisher auf a^* zuliefen, umgedreht. Also besiegt a^* auch nach der Verbesserung jede andere Alternative indirekt und bleibt somit Sieger.

Dass keine strenge Monotonie vorliegt, zeigt das Turnier T_4 aus Beispiel 5.3(b) mit der Bezeichnung der Knoten aus Beispiel 5.4. Offensichtlich ist $\text{Con}(T_4) = A$. Drehen wir die Kante von a_1 nach a_3 um, so verbessern wir a_3, aber die Condorcet-Menge ändert sich nicht; insbesondere wird a_3 nicht alleiniger Sieger.   □

Bemerkung 5.7 Wenn man das Verfahren von Good auf verschiedene Beispiele anwendet, stellt man schnell fest, dass der Fall $B^{\text{Good}}(T) = A$ relativ häufig vorkommt. Man kann dies auch genau quantifizieren. Bezeichnet man mit $\gamma(q)$ die Anzahl der Turniere mit q Alternativen, für die $B^{\text{Good}}(T) = A$ gilt, so kann man kombinatorisch argumentieren und zunächst feststellen

$$\text{Gesamtanzahl der Turniere} = \sum_{j=1}^{q} (\text{Anzahl der Turniere mit } |\text{Con}(T)| = j).$$

Auf der linken Seite der Gleichung steht nach Satz 5.1 der Wert $2^{q(q-1)/2}$. Der j-te Summand der rechten Seite ist

$$\binom{q}{j} \gamma(j) 2^{(q-j)(q-j-1)/2},$$

denn die hier betrachteten Turniere kann man erhalten, indem man die j Elemente der Condorcet-Menge aus den q insgesamt vorhandenen Elementen auswählt, wofür es $\binom{q}{j}$ Möglichkeiten gibt. Für jede dieser Wahlen erhalten wir nach Definition von γ gerade

$\gamma(j)$ Turniere mit maximal großer Condorcet-Menge. Schließlich müssen wir noch beschreiben, wie die Vergleiche innerhalb der Gruppe der $q - j$ nicht ausgewählten Elemente ausgehen; hierfür haben wir (wiederum nach Satz 5.1) $2^{(q-j)(q-j-1)/2}$ Möglichkeiten. Somit kommen wir zur Formel

$$2^{q(q-1)/2} = \sum_{j=1}^{q} \binom{q}{j} \gamma(j) 2^{(q-j)(q-j-1)/2},$$

die wir nach $\gamma(q)$ auflösen können. Dies führt auf die Rekursionsformel

$$\gamma(q) = 2^{q(q-1)/2} - \sum_{j=1}^{q-1} \binom{q}{j} \gamma(j) 2^{(q-j)(q-j-1)/2},$$

mit deren Hilfe wir die Werte $\gamma(q)$ sukzessive für $q = 2, 3, \ldots$ berechnen können. Wir erhalten damit folgendes Ergebnis:

q	2	3	4	6	10	20
$\gamma(q)$	0	2	24	22320	$3.4 \cdot 10^{13}$	$1.6 \cdot 10^{57}$
Anteil	0 %	25 %	37.5 %	68.1 %	96.2 %	99.99 %

Also haben für $q = 10$ schon 96.2 % aller Turniere die gesamte Menge A als Condorcet-Menge; mit wachsenden q nähert sich dieser Anteil recht schnell dem Wert 100 % an.

Aus diesem Grund ist es sinnvoll, nach Entscheidungsverfahren zu suchen, die für viele Turniere kleinere Siegermengen liefern als das Good-Verfahren. Hierzu wollen wir auf die Charakterisierung von Satz 5.5 zurückgreifen und die damit verbundene Anforderung verschärfen.

Definition 5.12 Die Siegermenge $B^{\mathrm{MF}}(T)$ des *Entscheidungsverfahrens von Miller und Fishburn* für Binärvergleiche enthält genau diejenigen Alternativen, die jede andere Alternative in höchstens zwei Schritten besiegen, d. h.

$a^* \in B^{\mathrm{MF}}(T)$

$\Leftrightarrow \forall a \in A \setminus \{a^*\} : \left((a^*, a) \in T \text{ oder } [\exists a' \in A \setminus \{a^*, a\} : (a^*, a') \in T \text{ und } (a', a) \in T] \right).$

Bemerkung 5.8 Ein Condorcet-Sieger gewinnt gegen jeden anderen Teilnehmer *direkt* und befindet sich daher in einer extrem starken Position. Allerdings ist diese Forderung so stark, dass es nur in wenigen Fällen überhaupt Condorcet-Sieger gibt (vgl. Satz 5.3). Andererseits genügt es nach Satz 5.5, gegen jeden anderen in *beliebig vielen* Schritten indirekt zu gewinnen, um Sieger beim Good-Verfahren zu werden. Dies ist gewissermaßen die schwächstmögliche sinnvolle Forderung an einen Sieger und daher sozusagen das dem Konzept des Condorcet-Siegers gegenüberliegende Extrem. Die Methode von Miller und Fishburn, deren Sieger gegen jeden anderen Teilnehmer in *höchstens zwei* Schritten indirekt gewinnt, lässt sich in dieser Hierarchie unmittelbar hinter dem Condorcet-Sieger einordnen, erscheint also auch noch sehr stark. Wegen dieser Stärke wird ein Miller-Fishburn-Sieger z. B. in der Soziologie oft auch als *König* und der noch stärkere Condorcet-Sieger als *Kaiser* bezeichnet [2, 3].

Es ist nicht unmittelbar evident, dass unsere Definition des Miller-Fishburn-Verfahrens stets zu einer nichtleeren Siegermenge führt. Wir können die Wohldefiniertheit jedoch mit einem einfachen Hilfssatz nachweisen.

Lemma 5.9 *Für jedes Turnier T gilt $B^{\mathrm{Cop}}(T) \subseteq B^{\mathrm{MF}}(T)$.*

Da wir wissen, dass die Copeland-Siegermenge nie leer sein kann, folgt daraus unmittelbar die Existenz von Siegern im Sinne von Miller und Fishburn. Demnach ist das Miller-Fishburn-Verfahren tatsächlich ein Entscheidungsverfahren im Sinne von Definition 5.3.

Beweis Sei a^* Copeland-Sieger. Wir müssen zeigen, dass a^* dann auch König ist. Zu diesem Zweck definieren wir A' als die Menge aller Teilnehmer, die gegen a^* direkt verlieren, und A^* als die Menge aller Teilnehmer, die gegen a^* direkt gewinnen. Wenn a^* kein König wäre, dann würde es einen Teilnehmer $\widehat{a}$ geben, der nicht in höchstens zwei Schritten von a^* besiegt wird. Offenbar muss $\widehat{a} \in A^*$ gelten, denn alle anderen Teilnehmer werden von a^* direkt besiegt. Außerdem muss $\widehat{a}$ den direkten Vergleich gegen jedes Element von A' gewinnen, den sonst würde a^* gegen $\widehat{a}$ in zwei Schritten siegen. Zählen wir nun die Copeland-Punkte $c(a^*)$ und $c(\widehat{a})$, so stellen wir fest, dass beide jedes Element von A' besiegen. Während jedoch a^* keinen weiteren Vergleich gewinnt, ist $\widehat{a}$ noch mindestens gegen a^* selbst erfolgreich. Folglich gilt $c(\widehat{a}) > c(a^*)$ und somit ist a^* nicht Copeland-Sieger im Widerspruch zu unserer Annahme. □

Bemerkung 5.9 Die Aussage von Lemma 5.9 liefert ein einfaches Kriterium, um wenigstens einige Könige (also Miller-Fishburn-Sieger) zu finden: Wir müssen nur für jeden Teilnehmer zählen, wie viele direkte Vergleiche er gewinnt. Diejenigen, die hierbei die größte Zahl an Siegen erreichen, sind gerade die Copeland-Sieger, und wegen des Lemmas sind sie damit a forteriori auch Könige. Wir werden später jedoch sehen (vgl. Beispiel 5.10), dass wir mit diesem Ansatz nicht immer alle Könige finden können.

Nun wollen wir einige wichtige Eigenschaften des Miller-Fishburn-Verfahrens festhalten. Das erste Resultat erhalten wir als unmittelbare Folgerung aus dem in der Definition genannten „Zwei-Schritt-Prinzip", der Definition des Good-Verfahrens und Satz 5.5:

Korollar 5.10 *Für jedes Turnier T gilt $B^{\mathrm{MF}}(T) \subseteq \mathrm{Con}(T) = B^{\mathrm{Good}}(T)$, d. h. das Miller-Fishburn-Verfahren erfüllt das Postulat von Smith.*

Jetzt wollen wir die Rolle der Könige etwas näher betrachten.

Lemma 5.11 *Zu jedem Teilnehmer a' des Turniers T, der nicht Condorcet-Sieger ist, gibt es einen König a^*, der den direkten Vergleich gegen a' gewinnt.*

Beweis Wir bezeichnen mit A' die Menge aller Teilnehmer, gegen die a' den direkten Vergleich verliert. Weil a' nicht Condorcet-Sieger ist, ist $A' \neq \emptyset$. Wir betrachten dann die Restriktion des Turniers T auf die Menge A'. Diese Restriktion ist wiederum ein Turnier und hat daher nach unseren obigen Überlegungen einen König a^*. Dann gilt:

(a) Weil a^* König von A' ist, besiegt a^* jedes andere Element von A' in höchstens zwei Schritten.
(b) Nach Konstruktion von A' besiegt a^* den Teilnehmer a' direkt.
(c) Alle anderen Teilnehmer werden (ebenfalls nach Konstruktion von A') von a' direkt und somit wegen Aussage (b) von a^* in höchstens zwei Schritten besiegt.

Zusammenfassend besiegt a^* also jeden anderen Teilnehmer aus der Gesamtmenge A in höchstens zwei Schritten; folglich ist a^* König von A, und somit ist gezeigt, dass a' den direkten Vergleich gegen einen König verliert.   □

Satz 5.12 *Das Miller-Fishburn-Verfahren liefert für das Turnier T genau dann eine ein-elementige Siegermenge, wenn das Turnier einen Condorcet-Sieger hat.*

Beweis Wenn es einen Condorcet-Sieger gibt, hat die Condorcet-Menge von T nur ein Element, und auf Grund des Postulats von Smith (Korollar 5.10) kann dann $B^{\mathrm{MF}}(T)$ nicht mehr als ein Element haben.

Anderenfalls suchen wir einen König a'. Da dieser nach Voraussetzung kein Condorcet-Sieger ist, verliert er nach Lemma 5.11 den direkten Vergleich gegen einen anderen König a^*. Damit muss es mindestens zwei Könige geben, d. h. die Miller-Fishburn-Siegermenge hat mindestens zwei Elemente.   □

Tatsächlich kann man aus Lemma 5.11 noch mehr Informationen über die Mächtigkeit der Miller-Fishburn-Siegermenge bekommen:

Satz 5.13 *Es gibt kein Turnier, das genau zwei Könige hat.*

Beweis Nehmen wir an, das Turnier T habe genau zwei Könige a^* und $\widehat{a}$. Nach Satz 5.12 hat T dann keinen Condorcet-Sieger. Also verliert a^* den direkten Vergleich gegen einen König, und da es insgesamt nur zwei Könige gibt, muss a^* gegen $\widehat{a}$ verlieren. Mit einer analogen Argumentation kommt man aber auch zu dem Schluss, dass $\widehat{a}$ gegen den König a^* verliert. Diese beiden Aussagen können aber nicht gleichzeitig wahr sein. Also muss unsere Annahme der Existenz von genau zwei Königen falsch sein.   □

Lemma 5.14 *Ein Turnier T mit q Teilnehmern, bei dem jeder Teilnehmer König ist, exis-*
tiert für jede natürliche Zahl q mit Ausnahme der Werte q = 2 und q = 4.

Beweis Dass ein solches Turnier für $q = 2$ nicht existiert, folgt aus Satz 5.13. Die
Nichtexistenz für $q = 4$ erkennen wir an Beispiel 5.3(b), in dem alle Turniere mit vier
Teilnehmern explizit angegeben sind, so dass einfach nachgeprüft werden kann, dass kei-
nes davon vier Könige hat.

Wenn das Turnier genau einen Teilnehmer hat, dann ist dieser nach Definition König.
Ein Turnier mit sechs Teilnehmern und sechs Königen ergibt sich aus dem folgenden
Graphen:

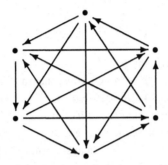

Jetzt müssen wir noch die Existenz für die ungeraden Teilnehmerzahlen $q = 3, 5, \ldots$ und
die geraden Teilnehmerzahlen $q = 8, 10, \ldots$ beweisen. Dies können wir induktiv tun,
indem wir die bereits bewiesenen Fälle $q = 1$ bzw. $q = 6$ als Basis nehmen und zeigen,
dass die Aussage auch für Turniere mit $q + 2$ Teilnehmern gilt, wenn sie für q Teilnehmer
richtig ist. Hierzu gehen wir also aus von einem Turnier mit q Teilnehmern und q Königen
und fügen die Teilnehmer a^* und a' so hinzu, dass a^* gegen a' gewinnt und gegen jeden
der q ursprünglichen Teilnehmer verliert und dass a' gegen jeden der q ursprünglichen
Teilnehmer gewinnt. Dann gilt:

(a) Jeder der q ursprünglichen Teilnehmer gewinnt nach wie vor gegen jeden anderen
ursprünglichen Teilnehmer indirekt in höchstens zwei Schritten.

(b) Jeder der q ursprünglichen Teilnehmer gewinnt gegen a^* direkt.

(c) Jeder der q ursprünglichen Teilnehmer gewinnt gegen a' indirekt in genau zwei
Schritten (über a^*).

(d) Der Teilnehmer a' besiegt jeden der ursprünglichen Teilnehmer direkt und a^* indirekt
in zwei Schritten (über einen beliebigen ursprünglichen Teilnehmer).

(e) Der Teilnehmer a^* besiegt a' direkt und jeden der ursprünglichen Teilnehmer indirekt
in zwei Schritten über a'.

Aus den Aussagen (a), (b) und (c) folgt nach Definition 5.12, dass jeder der ursprünglichen
Teilnehmer nach wie vor Miller-Fishburn-Sieger, also König, ist. Mit der gleichen Argumentation ist wegen (d) auch a' König, und wegen (e) gilt dies ebenso für a^*. Also sind

auch in diesem vergrößerten Turnier alle Teilnehmer Könige. Auf diese Weise können wir aus unserem bekannten Turnier mit einem Teilnehmer entsprechende Turniere mit 3, 5, 7, ... Teilnehmern aufbauen; ebenso lassen sich aus dem 6-Teilnehmer-Turnier solche mit 8, 10, 12, ... Teilnehmern konstruieren, bei denen jeder Teilnehmer König ist.   □

Auch über die Existenz von q-Teilnehmer-Turnieren mit p Königen für beliebige $p \leq q$ können wir eine abschließende Aussage treffen:

Satz 5.15 *Sei $q \in \mathbb{N}$ und $p \in \mathbb{N}$ mit $p \leq q$. Ein Turnier T mit q Teilnehmern und p Königen existiert genau dann nicht, wenn $p = 2$ oder $p = q = 4$ ist.*

Beweis Die Nichtexistenz für $p = 2$ folgt aus Satz 5.13, diejenige für $p = q = 4$ aus Lemma 5.14.

Für den Beweis der Existenz für $p = 3$ und $p \geq 5$ müssen wir für jedes $q \geq p$ ein Turnier mit q Teilnehmern und p Königen konstruieren. Für $q = p$ kennen wir diese Turniere bereits aus Lemma 5.14. Um den Fall $q > p$ abzuhandeln, beginnen wir mit einem solchen Turnier für $q = p$ und fügen $q - p$ zusätzliche Teilnehmer hinzu, wobei wir so vorgehen, dass alle neuen Teilnehmer gegen alle alten Teilnehmer verlieren. Wie die Duelle zwischen zwei neuen Teilnehmern ausgehen, ist beliebig. Dann sehen wir, dass alle alten Teilnehmer Könige des vergrößerten Turniers sind, denn sie besiegen die neuen Teilnehmer direkt und jeden anderen alten Teilnehmer in höchstens zwei Schritten, weil sie ja ausnahmslos Könige des ursprünglichen Turniers waren. Ebenso sehen wir, dass keiner der neuen Teilnehmer gegen einen alten Teilnehmer direkt oder indirekt gewinnt, also ist kein neuer Teilnehmer König. Wir haben somit ein Turnier mit q Teilnehmern und p Königen gefunden.

Für den verbleibenden Fall $p = 4$ und $q \geq 5$ betrachten wir zunächst das Turnier

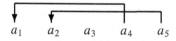

mit fünf Teilnehmern, wobei wir die Konvention verwenden, dass nach rechts zeigende Pfeile nicht eingezeichnet werden. Man erkennt, dass a_5 kein König ist, weil a_1 nicht in höchstens zwei Schritten besiegt wird; alle anderen Teilnehmer hingegen sind Könige. Damit ist der Fall $p = 4$ und $q = 5$ erledigt; mit der gleichen Idee wie oben können wir dieses Turnier zu einem Turnier mit $q > 5$ Teilnehmern erweitern, ohne dass sich die Menge der Könige ändert.   □

Beispiel 5.7 Wir betrachten das durch den Graphen

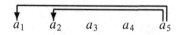

beschriebene Turnier T, wobei nicht explizit eingezeichnete Pfeile zwischen Paaren von Knoten wiederum stets nach rechts zeigen sollen. Aus diesem Turnier konstruieren wir durch Verbesserung von a_5 das Turnier T' mit

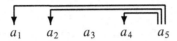

$$a_1 \quad a_2 \quad a_3 \quad a_4 \quad a_5$$

bei dem im Vergleich zu T jetzt a_5 das Duell mit a_4 gewinnt. Für diese beiden Turniere liefert das Good-Verfahren $B^{\text{Good}}(T) = \{a_1, a_2, a_3, a_4, a_5\}$ und $B^{\text{Good}}(T') = \{a_1, a_2, a_3, a_5\}$, während das Miller-Fishburn-Verfahren zu $B^{\text{MF}}(T) = B^{\text{MF}}(T') = \{a_1, a_3, a_5\}$ kommt, wie man mit dem Zwei-Schritt-Prinzip erkennen kann: a_2 besiegt bei keinem der beiden Turniere a_1 nach höchstens zwei Schritten, und ebensowenig gibt es einen Kantenzug der Länge 1 oder 2 von a_4 nach a_3.

Satz 5.16 *Das Verfahren von Miller und Fishburn ist neutral und monoton, aber nicht streng monoton.*

Beweis Dass das Verfahren neutral ist, ist unmittelbar einsichtig. Aus Beispiel 5.7 folgt, dass es nicht streng monoton ist.

Die Monotonie beweisen wir mit Hilfe des Zwei-Schritt-Prinzips: Sei $a^* \in B^{\text{MF}}(T)$. Damit gibt es von a^* zu jedem $a \neq a^*$ einen Kantenzug, dessen Länge höchstens 2 beträgt. Wenn wir jetzt a^* verbessern, erhalten wir zum dadurch entstehenden Turnier T' einen Graphen, bei dem alle diese Kantenzüge erhalten bleiben, denn es werden ja nur Kanten, die vorher auf a^* zeigten, umgedreht. Also bleibt a^* nach dem Zwei-Schritt-Prinzip auch für das Turnier T' Sieger.   □

Ein weiterer Begriff dient uns dazu, eine zusätzliche Charakterisierung des Miller-Fishburn-Verfahrens vorzubereiten.

Definition 5.13 Seien a_1 und a_2 zwei Alternativen eines Turniers T. Die Alternative a_1 *überdeckt* a_2 im Turnier T, wenn a_1 gegen a_2 gewinnt und gegen jede Alternative gewinnt, gegen die auch a_2 gewinnt. Wir schreiben hierfür $a_1 \sqsupset_T a_2$.

In Formeln ausgedrückt gilt also $a_1 \sqsupset_T a_2$ genau dann, wenn $(a_1, a_2) \in T$ ist und für alle $a \in A$ die Aussage $(a_2, a) \in T \Rightarrow (a_1, a) \in T$ gilt.

Ist aus dem Zusammenhang klar, welches Turnier wir meinen, so lassen wir die explizite Angabe von T in der Regel weg.

Lemma 5.17 *Die Relation $\sqsupset_T$ ist transitiv und asymmetrisch.*

Beweis Nach Definition folgt zunächst aus der Überdeckungseigenschaft $a_1 \sqsupset_T a_2$, dass a_1 gegen a_2 gewinnt.

Es gelte nun $a_1 \sqsupseteq_T a_2$ und $a_2 \sqsupseteq_T a_3$. Damit gewinnt also zunächst a_2 gegen a_3, und weil a_2 von a_1 überdeckt wird, gewinnt auch a_1 gegen a_3. Weiterhin sei $a \in A$ so, dass $(a_3, a) \in T$ gilt. Weil a_3 von a_2 überdeckt wird, gilt dann auch $(a_2, a) \in T$, und weil a_2 von a_1 überdeckt wird, gilt sogar $(a_1, a) \in T$. Also folgt insgesamt $a_1 \sqsupseteq_T a_3$, d. h. die Relation ist transitiv.

Für den Beweis der Asymmetrie von $\sqsupseteq_T$ sei nun $a^* \sqsupseteq_T \tilde{a}$, also wiederum insbesondere $(a^*, \tilde{a}) \in T$. Weil das Turnier asymmetrisch ist, gewinnt demnach $\tilde{a}$ gegen a^* nicht. Also kann $\tilde{a}$ auch a^* nicht überdecken. □

Definition 5.14 Sei T ein Turnier über A. Die *nicht überdeckte Teilmenge* von A bezüglich T ist gegeben durch

$$\mathrm{uncov}_T(A) := \{a \in A : \text{für alle } x \in A \text{ gilt } x \not\sqsupseteq_T a\}.$$

Lemma 5.18 *Die Menge* $\mathrm{uncov}_T(A)$ *umfasst genau die maximalen Elemente der Relation* $\sqsupseteq_T$.

Beweis Ein $a \in A$ ist nach Definition 2.27 genau dann maximal bezüglich $\sqsupseteq_T$, wenn die Menge $\{a\}$ undominiert bezüglich der Relation $\sqsupseteq_T$ ist. Nach Definition 2.25 ist dies gleichbedeutend damit, dass für alle $x \in A \setminus \{a\}$ die Aussage $x \not\sqsupseteq_T a$ gilt. Nach Definition 5.14 gilt immer $a \not\sqsupseteq_T a$. Zusammenfassend bedeutet dies, dass $a \in A$ nach Definition 2.27 genau dann maximal bezüglich $\sqsupseteq_T$ ist, wenn für alle $x \in A$ die Aussage $x \not\sqsupseteq_T a$ gilt. Nach Definition 5.14 bedeutet dies gerade $a \in \mathrm{uncov}_T(A)$. □

Wir haben nunmehr alle für die angekündigte Charakterisierung der Miller-Fishburn-Siegermenge nötigen Bausteine zusammengestellt.

Satz 5.19 *Das Miller-Fishburn-Entscheidungsverfahren kann charakterisiert werden durch* $B^{\mathrm{MF}}(T) = \mathrm{uncov}_T(A)$.

Wegen Lemma 5.17 stellt Lemma 2.2 sicher, dass $\mathrm{uncov}_T(A)$ nicht leer ist. Dies liefert einen alternativen Beweis dafür, dass unsere Definition von B^{MF} sinnvoll ist.

Beweis Wir nehmen zunächst an, dass die Alternative $\tilde{a}$ von a^* überdeckt wird. Damit ist $\tilde{a} \notin \mathrm{uncov}_T(A)$, und wir müssen zeigen, dass $\tilde{a}$ eine andere Alternative nicht in höchstens zwei Schritten besiegt. Die hierzu benötigte andere Alternative ist a^*, denn es gilt Folgendes:

1. Wegen $a^* \sqsupseteq \tilde{a}$ gewinnt a^* nach Definition 5.14 den direkten Vergleich zwischen diesen beiden Alternativen, also gewinnt $\tilde{a}$ gegen a^* nicht direkt.
2. $\tilde{a}$ gewinnt gegen a^* auch nicht innerhalb von genau zwei Schritten, denn sonst müsste es ein a' geben, das gegen $\tilde{a}$ verliert und gegen a^* gewinnt. Die Tatsache, dass $\tilde{a}$ von a^* überdeckt wird, bedeutet aber gerade, dass ein solches a' nicht existiert.

Für den Beweis der umgekehrten Implikation nehmen wir an, dass $\tilde{a}$ gegen a^* nicht in höchstens zwei Schritten gewinnt. Dann müssen wir zeigen, dass $\tilde{a}$ überdeckt wird. Wir zeigen dies, indem wir nachweisen, dass $\tilde{a}$ von a^* überdeckt wird. Wäre dies nicht der Fall, so gäbe es ein a', das gegen $\tilde{a}$ verliert und gegen a^* gewinnt. Daraus folgt aber, dass $\tilde{a}$ gegen a^* im Gegensatz zu unserer Annahme doch in zwei Schritten gewinnt. $\qquad\square$

Beispiel 5.8 Wir betrachten noch einmal das Turnier T_4 aus Beispiel 5.3(b) mit der Bezeichnung der Knoten aus Beispiel 5.4. Aus dem Beweis von Satz 5.8 wissen wir $B^{\text{Good}}(T_4) = \text{Con}(T_4) = \{a_1, a_2, a_3, a_4\}$. In diesem Beispiel gilt offenbar, dass a_3 von a_2 überdeckt wird, während a_1, a_2 und a_4 von keinem Element von A überdeckt werden. Also gilt $B^{\text{MF}}(T_4) = \{a_1, a_2, a_4\}$. Dies ist auch plausibel, denn das Prinzip des Überdeckens entspricht genau der Idee, die wir in Beispiel 5.4(d) genannt hatten und die dort schon auf diese Siegermenge geführt hatte.

Nachteile des Miller-Fishburn-Verfahrens zeigen die folgenden Resultate:

Beispiel 5.9 Wir betrachten das durch den Graphen

$$a_1 \qquad a_2 \qquad a_3 \qquad a_4 \qquad \cdots \qquad a_n$$

beschriebene Turnier T, wobei wir wieder vereinbaren, dass nicht explizit eingezeichnete Pfeile zwischen Paaren von Knoten stets nach rechts zeigen sollen. Für dieses Turnier gilt $B^{\text{Good}}(T) = \{a_1, a_2, \ldots a_n\}$ und $B^{\text{MF}}(T) = \{a_1, a_2, a_n\}$, denn jedes a_j mit $j = 3, 4, \ldots, n-1$ wird vom jeweiligen a_{j-1} überdeckt. Es fällt insbesondere auf, dass das Miller-Fishburn-Verfahren die Alternative a_n zum Sieger erklärt, obwohl diese Alternative nur einen einzigen Binärvergleich gewinnt (nämlich denjenigen gegen a_1).

Satz 5.20 *Der Anteil der Turniere mit $B^{\text{MF}}(T) \neq A$ an allen Turnieren mit q Teilnehmern strebt mit $q \to \infty$ gegen Null.*

Beweis Wir skizzieren den Beweis hier nur; Details sind z. B. bei Maurer [3] dargestellt. Mit h bezeichnen wir die relative Häufigkeit eines Ereignisses. Damit gilt für ein Turnier T mit q Teilnehmern

$$h(B^{\text{MF}}(T) \neq A) = h(\text{nicht alle Teilnehmer von } T \text{ sind König})$$

$$\leq \sum_{j=1}^{q} h(a_j \text{ ist kein König})$$

$$\leq \sum_{j=1}^{q} \sum_{k=1, k \neq j}^{q} h(a_j \text{ besiegt } a_k \text{ nicht in höchstens zwei Schritten}).$$

Die in der letzten Summe auftretenden Häufigkeiten sind aus Symmetriegründen alle gleich groß; man kann sich überlegen, dass sie den Wert $(3/4)^{q-2}/2$ haben. Demnach folgt

$$h(B^{\mathrm{MF}}(T) \neq A) \leq q(q-1)\frac{1}{2}\left(\frac{3}{4}\right)^{q-2} \to 0 \quad \text{für } q \to \infty$$

wie behauptet. $\qquad\qquad\qquad\qquad\qquad\qquad\qquad\qquad\qquad\qquad\qquad\qquad\qquad\qquad$ □

Bemerkung 5.10 Auch wenn nach Korollar 5.10 das Miller-Fishburn-Verfahren etwas besser als das Good-Verfahren in der Lage ist, Sieger von Nicht-Siegern zu trennen, so ist die Trennschärfe des Miller-Fishburn-Verfahrens nach Satz 5.20 jedenfalls für Turniere mit vielen Teilnehmern immer noch nicht befriedigend.

Wir wollen daher jetzt noch das Copeland-Verfahren etwas näher ansehen, dessen im Vergleich zum Miller-Fishburn-Verfahren zumindest nicht schlechtere Trennschärfe wir bereits in Lemma 5.9 erkannt hatten.

Satz 5.21 *Das Copeland-Verfahren ist neutral, streng monoton und erfüllt das Postulat von Smith.*

Beweis Die Neutralität ist wieder offensichtlich. Gleiches gilt für die strenge Monotonie, denn ein Sieger gewinnt mindestens genausoviele direkte Vergleiche wie jede andere Alternative, und wenn man einen solchen Sieger verbessert, gewinnt er mehr Vergleiche als vorher, also insbesondere mehr als jede andere Alternative; somit ist er nach der Verbesserung alleiniger Sieger. Dass das Postulat von Smith erfüllt wird, ergibt sich schließlich aus Korollar 5.10 und Lemma 5.9. $\qquad\qquad\qquad\qquad\qquad\qquad\qquad\qquad\qquad$ □

Beispiel 5.10 Für das Turnier T_4 aus Beispiel 5.3(b) mit der Bezeichnung der Knoten aus Beispiel 5.4 wissen wir bereits $B^{\mathrm{Good}}(T_4) = \{a_1, a_2, a_3, a_4\}$ und $B^{\mathrm{MF}}(T_4) = \{a_1, a_2, a_4\}$. Man erkennt an dem Graphen auch leicht $B^{\mathrm{Cop}}(T_4) = \{a_1, a_2\}$, denn a_1 und a_2 gewinnen je zweimal und a_3 und a_4 nur je einmal.

Offenbar kann das Copeland-Verfahren demnach zumindest in gewissen Fällen kleinere, aber wegen Lemma 5.9 nie größere Siegermengen liefern als das Miller-Fishburn-Verfahren. Es verfügt also über eine bessere Trennschärfe als das Miller-Fishburn-Verfahren. Aber auch das Copeland-Verfahren hat gewisse Defizite.

Definition 5.15 Ein Entscheidungsverfahren B für Binärvergleiche heißt *extern stabil*, wenn jeder Nicht-Sieger gegen mindestens einen Sieger verliert, d. h. wenn für jedes T und jedes $\tilde{a} \notin B(T)$ ein $a^* \in B(T)$ mit $(a^*, a) \in T$ existiert.

Beispiel 5.11 Wir betrachten das durch den Graphen

beschriebene Turnier T, wobei wir wieder vereinbaren, dass nicht explizit eingezeichnete Pfeile zwischen Paaren von Knoten stets nach rechts zeigen sollen. Hier gewinnt a^* drei Vergleiche, a_1, a_2 und $\tilde{a}$ gewinnen je zwei Vergleiche und a_3 gewinnt einen Vergleich; somit ist a^* einziger Copeland-Sieger. Da der Nicht-Sieger $\tilde{a}$ gegen a^* gewinnt (also gegen keinen Copeland-Sieger verliert), ist das Copeland-Verfahren nicht extern stabil.

Ähnlich wie wir es für klassische Entscheidungsverfahren in Abschn. 3.5 getan haben, wollen wir uns auch bei Entscheidungsverfahren für Binärvergleiche kurz mit der Frage befassen, wie sich Änderungen der Alternativenmenge auf das Ergebnis auswirken. Hierzu müssen wir einige Begriffe von dort übertragen.

Definition 5.16 Gegeben seien eine Alternativenmenge A, ein Turnier T über A und ein Entscheidungsverfahren für Binärvergleiche B. Die Abbildung $S_B : \mathcal{P}(A) \setminus \{\emptyset\} \to \mathcal{P}(A) \setminus \{\emptyset\}$ mit $S_B(A') = B(T_{|_{A'}})$ heißt *Selektion* von B zum Turnier T.

Die Selektion S_B nimmt also auch in diesem Kontext eine nichtleere Teilmenge A' der Alternativenmenge A als Eingabe, bestimmt dann die Restriktion des Turniers T auf diese Teilmenge A', wendet das Entscheidungsverfahren B auf das so entstandene Turnier an und gibt den oder die Sieger aus.

Bemerkung 3.25 gilt hier analog wie in Abschn. 3.5.

Damit können wir nun den Begriff der Idempotenz übertragen.

Definition 5.17 Eine Selektion S_B eines Entscheidungsverfahrens B für Binärvergleiche heißt *idempotent*, wenn für alle $A' \subseteq A$ die Aussage $S_B(A') = S_B(S_B(A'))$ gilt.

Wenn also alle Nicht-Sieger aus dem Turnier gestrichen werden und das Verfahren auf die übriggebliebenen Sieger angewendet wird, sollen bei einer idempotenten Selektion alle früheren Sieger auch Sieger bleiben. Demzufolge ist das Entscheidungsverfahren B selbst idempotent, wenn für alle Turniere T die Aussage $B(T_{|_{B(T)}}) = B(T)$ gilt.

Satz 5.22 *Ein Entscheidungsverfahren für Binärvergleiche, das für jedes Turnier eine einelementige Siegermenge erzeugt, ist idempotent, aber nicht extern stabil.*

Korollar 5.23 *Das Verfahren der sukzessiven Elimination ist idempotent, aber nicht extern stabil.*

Beweis von Satz 5.22 Wir nehmen an, das Verfahren B sei einwertig und extern stabil. Sei T ein beliebiges Turnier, das keinen Condorcet-Sieger besitzt, und $B(T) = \{a^*\}$. Für jeden Nicht-Sieger $a \in A \setminus \{a^*\}$ gilt dann wegen der externen Stabilität $(a^*, a) \in T$, also ist a^* Condorcet-Sieger im Widerspruch zur Annahme.

Ist B einwertig, so hat $B(T)$ stets nur ein Element a^*, und das restringierte Turnier $T_{|B(T)}$ hat nur a^* als einzigen Teilnehmer, der somit automatisch Sieger ist. Diese Beobachtung impliziert die Idempotenz.   □

Beispiel 5.12 Beispiel 5.10 zeigt, dass das Copeland-Verfahren nicht idempotent ist, denn seine Anwendung auf die Siegermenge $\{a_1, a_2\}$ des Turniers T_4 liefert die kleinere Siegermenge $\{a_1\}$.

Als nächsten Begriff erinnern wir uns an die in Bemerkung 3.27(b) erwähnte Folgerung aus dem Axiom von Arrow, für die wir hier nun einen eigenen Begriff definieren wollen:

Definition 5.18 Ein Entscheidungsverfahrens B für Binärvergleiche erfüllt die *starke Obermengen-Bedingung*, wenn man aus einem beliebigen Turnier T einen oder mehrere Nicht-Sieger streichen kann, ohne dass sich die Siegermenge ändert, d. h. wenn für alle $A' \supseteq B(T)$ die Aussage $B(T_{|A'}) = B(T)$ gilt.

Beispiel 5.13 Wenden wir die Methode der sukzessiven Elimination auf das Turnier

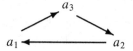

an, so wird a_1 zunächst von a_2 besiegt und dann verliert a_2 gegen den endgültigen Sieger a_3. Nehmen wir den Nicht-Sieger a_2 aus dem Turnier heraus, verbleibt nur noch der Vergleich zwischen a_1 und a_3, den a_1 gewinnt. Das Verfahren der sukzessiven Elimination erfüllt die starke Obermengen-Bedingung also nicht.

Lemma 5.24 *Ein Entscheidungsverfahren, das die starke Obermengen-Bedingung erfüllt, ist idempotent.*

Beweis Direkte Folgerung aus den Definitionen 5.18 und 5.17.   □

Korollar 5.25 *Das Copeland-Verfahren erfüllt die starke Obermengen-Bedingung nicht.*

Beweis Folgerung aus Beispiel 5.12 und Lemma 5.24.   □

Bemerkung 5.11 Wir betrachten das durch den Graphen

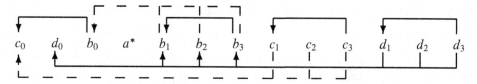

beschriebene Turnier T [5], wobei nicht explizit eingezeichnete Pfeile zwischen Paaren von Knoten wie üblich nach rechts zeigen sollen und Pfeile mit mehreren Anfangs- oder Endpunkten jede mögliche Kombination symbolisieren. Dass einige Kanten gestrichelt gezeichnet sind, soll nur der Verbesserung der Übersichtlichkeit dienen; diese Kanten haben keine anderen Eigenschaften oder Bedeutungen als diejenigen, die mit einer durchgezogenen Linie dargestellt werden. Die Berechnung der Copeland-Punkte für dieses Turnier ergibt

$$c(a^*) = 9,$$
$$c(b_0) = c(c_0) = c(d_0) = 8,$$
$$c(b_j) = c(c_j) = c(d_j) = 5 \quad (j = 1, 2, 3),$$

also $B^{\mathrm{Cop}}(T) = \{a^*\}$.

Werten wir dieses Turnier nach Miller und Fishburn aus, so sehen wir, dass c_1, c_2 und c_3 von b_0 überdeckt werden. Ebenso werden d_1, d_2 und d_3 von c_0 überdeckt, und b_1, b_2 und b_3 werden von d_0 überdeckt. Die verbleibenden Teilnehmer a^*, b_0, c_0 und d_0 besiegen, wie am Graphen erkennbar, jeden anderen Teilnehmer in höchstens zwei Schritten, werden also nicht überdeckt. Daher ist $B^{\mathrm{MF}}(T) = \{a^*, b_0, c_0, d_0\}$.

Jetzt stellen wir uns auf den Standpunkt, dass die Miller-Fishburn-Verlierer b_j, c_j und d_j ($j = 1, 2, 3$) so schlecht sind, dass sie für die Entscheidung des Turniers keine Rolle spielen und eigentlich gar nicht erst teilzunehmen brauchen, d. h. wir schränken die Teilnehmerliste auf die Miller-Fishburn-Siegermenge $\{a^*, b_0, c_0, d_0\}$ ein. In diesem neuen Turnier verliert der ursprüngliche eindeutige Copeland-Sieger a^* jeden Vergleich, ist also Condorcet-Verlierer und somit kein Miller-Fishburn-Sieger und nach Copeland sogar auf dem letzten Platz einzuordnen.

Aus den Betrachtungen von Bemerkung 5.11 folgt insbesondere:

Satz 5.26 *Das Miller-Fishburn-Verfahren ist nicht idempotent. Auch die starke Obermengen-Bedingung erfüllt es nicht.*

Beweis Die Nicht-Idempotenz ergibt sich wie erwähnt aus Bemerkung 5.11; die Verletzung der starken Obermengen-Bedingung folgt daraus mit Lemma 5.24. □

Wir beschließen dieses Kapitel mit zwei gänzlich anders aufgebauten Verfahren. Das erste dieser Verfahren basiert auf der Idee, dass nicht alle Siege in einem Turnier gleich viel wert sein sollen. Vielmehr soll ein Sieg gegen einen starken Gegner einen größeren Vorteil erbringen als ein Sieg gegen einen schwachen Gegner. Um dieses Konzept umzusetzen, muss man also jedem Teilnehmer a eine *Spielstärke* $\chi(a)$ zuweisen. Ein Sieg gegen den Teilnehmer a bringt dann $\lambda\chi(a)$ Punkte, wobei λ eine feste positive Zahl ist, und die Spielstärke eines Teilnehmers ergibt sich aus der Summe seiner auf diese Weise gesammelten Punkte.

Beispiel 5.14 Wir betrachten wie in Beispiel 5.4 das Turnier

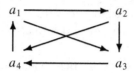

und stellen die sich aus der Beschreibung ergebenden Gleichungen auf. Diese lauten

$$\chi(a_1) = \lambda\chi(a_2) + \lambda\chi(a_3),$$
$$\chi(a_2) = \lambda\chi(a_3) + \lambda\chi(a_4),$$
$$\chi(a_3) = \lambda\chi(a_4),$$
$$\chi(a_4) = \lambda\chi(a_1).$$

Nach Multiplikation mit $\tilde{\lambda} = 1/\lambda$ können wir diese Gleichungen in Matrix-Vektor-Form als

$$\tilde{\lambda}\begin{pmatrix}\chi(a_1)\\\chi(a_2)\\\chi(a_3)\\\chi(a_4)\end{pmatrix} = M\begin{pmatrix}\chi(a_1)\\\chi(a_2)\\\chi(a_3)\\\chi(a_4)\end{pmatrix} \quad \text{mit } M = \begin{pmatrix}0&1&1&0\\0&0&1&1\\0&0&0&1\\1&0&0&0\end{pmatrix}$$

darstellen und erkennen, dass es sich um ein Eigenwertproblem handelt: Der Vektor $(\chi(a_1),\ldots,\chi(a_4))^{\mathrm{T}}$ unserer gesuchten Spielstärken ist ein Eigenvektor der in der Gleichung auftretenden Matrix M; er gehört offensichtlich zum Eigenwert $\tilde{\lambda}$ von M. Das charakteristische Polynom der Matrix ist $\det(M - \tilde{\lambda}E) = \tilde{\lambda}^4 - 2\tilde{\lambda} - 1$. Von seinen vier Nullstellen ist nur eine, nämlich $\tilde{\lambda}_1 \approx 1.3953$, reell und echt positiv; nach der oben beschriebenen Konstruktion ist nur diese relevant. Es ergibt sich $\lambda = 1/\tilde{\lambda}_1 \approx 0.7167$. Daraus können wir nun einen Eigenvektor berechnen. Da Eigenvektoren nur bis auf einen konstanten Faktor eindeutig bestimmt sind, dürfen wir

$$\chi(a_1) = 1$$

willkürlich festlegen. Damit ergibt sich dann aus unseren obigen Gleichungen

$$\chi(a_4) = \lambda\chi(a_1) = \lambda \approx 0.7167,$$
$$\chi(a_3) = \lambda\chi(a_4) = \lambda^2 \approx 0.5136,$$
$$\chi(a_2) = \lambda\chi(a_3) + \lambda\chi(a_4) = \lambda^3 + \lambda^2 \approx 0.8817.$$

Spielstärkster Teilnehmer und somit Sieger des Turniers ist also a_1. Bei Betrachtung des Graphen ist dies auch plausibel, denn a_1 gewinnt gemeinsam mit a_2 die meisten direkten

Vergleiche und ist daher ähnlich stark wie a_2, aber stärker als a_3 und a_4. Allerdings erzielt a_2 seine Siege nur gegen die schwachen Gegner a_3 und a_4, während a_1 gegen den schwachen Gegner a_3 und den starken Gegner a_2 gewinnt.

Wir können diesen Ansatz in allgemeiner Form beschreiben:

Definition 5.19

(a) T sei ein Turnier über $A = \{a_1, a_2, \ldots, a_q\}$. Die Matrix

$$M_T = (m_{jk})_{j,k=1}^q \ \text{mit} \ m_{jk} = \begin{cases} 0 & \text{falls } (a_j, a_k) \notin T, \\ 1 & \text{falls } (a_j, a_k) \in T \end{cases}$$

heißt *Turniermatrix* zum Turnier T.

(b) Sei T ein Turnier, dessen Turniermatrix M_T genau einen positiven Eigenwert besitzt, zu dem es einen Eigenvektor $\chi_T = (\chi_1, \chi_2, \ldots, \chi_q)^{\mathrm{T}}$ mit ausschließlich nichtnegativen Komponenten gibt. Das für solche Turniere definierte Entscheidungsverfahren B^{SSB} mit $B^{\mathrm{SSB}}(T) := \{a_j : \chi_j = \max_{k=1,2,\ldots,q} \chi_k\}$ heißt Entscheidungsverfahren durch *Spielstärkenbestimmung*.

In der Linearen Algebra beweist man einen in diesem Zusammenhang wichtigen Satz, den wir an dieser Stelle nur zitieren wollen:

Satz 5.27 (Perron/Frobenius) *Sei T ein Turnier. Gilt* $\mathrm{Con}(T) = A$, *so hat die Turniermatrix M_T genau einen positiven Eigenwert, zu dem es einen Eigenvektor $\chi_T = (\chi_1, \chi_2, \ldots, \chi_q)^{\mathrm{T}}$ mit $\chi_j \geq 0$ für alle j gibt.*

Aus Bemerkung 5.7 wissen wir, dass die Voraussetzung $\mathrm{Con}(T) = A$ von sehr vielen (wenn die Anzahl der Teilnehmer nicht zu klein ist, dann sogar von fast allen) Turnieren erfüllt wird; damit ist klar, dass das Entscheidungsverfahren durch Spielstärkenbestimmung in der Praxis wirklich brauchbar ist.

Bemerkung 5.12 Die hinter diesem Verfahren stehende Idee ist generell anwendbar, um die Knoten eines Graphen gemäß ihrer Wichtigkeit zu sortieren. Eine besonders bedeutende Anwendung ist dabei der Graph des World Wide Web, bei dem jede Webseite einen Knoten bildet und jeder Hyperlink eine entsprechende Kante. Das beschriebene Konzept bildet dann den Kern der von den meisten Suchmaschinen genutzten Verfahren zur Sortierung der Ergebnisse wie etwa Googles *PageRank*.

Wir beenden dieses Kapitel mit einem Verfahren, das Ähnlichkeiten mit dem Kemeny-Verfahren aufweist. Speziell erinnern wir an das dort relevante Konzept des Abstands zwischen zwei Relationen (vgl. Lemma 2.19).

Definition 5.20 Das *Slater-Entscheidungsverfahren* für Binärvergleiche ist gegeben durch $B^{\text{Sla}}(T) := \bigcup_{T' \in \text{ord}(T)} B^{\text{Good}}(T')$, wobei $\text{ord}(T)$ die Menge derjenigen strikten Ordnungsrelationen ist, die T im Sinne der Metrik aus Lemma 2.19 am besten approximieren.

Beispiel 5.15 Wir betrachten wieder das Turnier $T_4 = \{(a_1, a_2), (a_1, a_3), (a_4, a_1), (a_2, a_3), (a_2, a_4), (a_3, a_4)\}$ aus Beispiel 5.4, zeichnen den zugehörigen Graphen jedoch nun in der Form

$$a_1 \quad a_2 \quad a_3 \quad a_4$$

mit der üblichen Konvention, dass nicht eingezeichnete Pfeile nach rechts zeigen sollen. An dieser Darstellung erkennt man, dass es ausreicht, die Kante (a_4, a_1) umzudrehen, um eine strikte Ordnung T' mit der Form $T' = \{(a_1, a_2), (a_1, a_3), (a_1, a_4), (a_2, a_3), (a_2, a_4), (a_3, a_4)\}$ zu erhalten, und somit ist der Abstand $d(T_4, T') = 2$.

Aus der Konstruktion ist unmittelbar klar, dass der Abstand immer doppelt so groß ist wie die Anzahl der umgedrehten Kanten. Daher gibt es keine Ordnungsrelation mit kleinerem Abstand zu T_4. Man kann sich auch überlegen, dass es keine andere Ordnungsrelation gibt, deren Abstand zu T_4 nur 2 ist. Also gilt $B^{\text{Sla}}(T_4) = \{a_1\}$, denn a_1 ist Good-Sieger von T'.

Bemerkung 5.13 Nach Lemma 2.1 hat jede strikte Ordnungsrelation T' einen Condorcet-Sieger und somit einen eindeutig bestimmten Sieger nach Good. Das Verfahren von Slater kann trotzdem mehr als einen Sieger bestimmen, denn es ist möglich, dass es zu einem gegebenen Turnier mehrere bestapproximierende strikte Ordnungen gibt. Das einfachste Beispiel hierzu ist das Turnier T mit

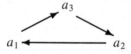

Dieses Turnier wird durch Umdrehen einer beliebigen Kante zu einer strikten Ordnung; jede dieser Ordnungen hat den Abstand 2 zu T (und jede Ordnung hat einen anderen Sieger), also ist $B^{\text{Sla}}(T) = \{a_1, a_2, a_3\}$.

Für eine vertiefte Analyse der auf Binärvergleichen basierenden Entscheidungsverfahren ist ein umfassender Überblick über die graphentheoretischen Eigenschaften von Turnieren hilfreich, wie er z. B. von Moon [4] gegeben wird. Auf derartige weitergehende Untersuchungen wollen wir an dieser Stelle jedoch verzichten.

Literatur

1. Harary, F., Moser, L.: The Theory of Round Robin Tournaments. Amer. Math. Monthly **73**, 231–246 (1966)

2. Landau, H. G.: On Dominance Relations and the Structure of Animal Societies. Part I: Effect of Inherent Characteristics. Bull. Math. Biophys. **13**, 1–19 (1951); Part II: Some Effects of Possible Social Factors. Bull. Math. Biophys. **13**, 245–262 (1951); Part III: The Condition for a Score Structure. Bull. Math. Biophys. **15**, 143–148 (1953)

3. Maurer, S. B.: The King Chicken Theorems. Math. Magazine **53**, 67–80 (1980)

4. Moon, J. W.: Topics on Tournaments. Holt, Rinehart & Winston, New York (1968)

5. Moulin, H.: Choosing From a Tournament. Social Choice and Welfare **3**, 271–291 (1986)

Sachverzeichnis

© Springer-Verlag Berlin Heidelberg 2016
K. Diethelm, *Gemeinschaftliches Entscheiden*, Mathematik im Fokus,
DOI 10.1007/978-3-662-48780-8